曾經看到哪種植物讓你油然而笑？

可還記得孩提時純真遊戲的心情？

巧奪天工的可愛植物，是大自然帶給人們的歡樂泉源；

可愛的雜貨玩意，是人心堆砌夢想、

構築想像的美妙積木；

兩個快樂的泉流結合在一起，

會蹦出什麼樣的火花呢？

現在就一起來吧！拾回你純真的心靈，

探尋大自裡奇特有趣的花花草草，

把收藏的喜歡雜貨一起請到花園裡，

投入大自然野趣和童真帶來的歡樂。

無論大人小孩，都能建築出一座屬於自己的童趣花園，

把每一天都編織成精彩歡樂的花園生活。

和孩子一起種 可愛植物

打造我家的迷你花園

作者 唐芩

朱雀文化

充滿驚奇、知識、美感
　和樂趣的花園

童心玩花草，大自然的心靈療癒法

適合獨樂，也適合親子同樂的Cute園藝

　　花草植物是大自然送給人間最美好的禮物，和大自然相處，看到特殊花草的驚奇，對於含苞待放的期待；見著花朵綻放的陶醉，看到葉片轉紅的悸動，採收果實的滿足。一直都喜歡大自然圍繞身邊的感覺，有了孩子之後，也喜歡帶著孩子迎著風吹、伸手觸摸雨點、欣賞花姿百態、撿拾落葉的詩意、挖掘泥土的踏實感、聆聽鳥叫蟬鳴的天籟、看著蝴蝶翩翩飛舞，自然的美妙，使我的心靈與生活變得很豐富，多采多姿。

　　花園裡充滿驚奇、知識、美感和樂趣，如果自己獲益良多，不妨也帶領孩子一起享受大自然的歡樂吧！潛移默化中，可以培養孩子心性善良、溫柔細膩、有責任感和審美能力，對於自然科學觀察也有莫大的好處，我們耕耘著花木，同時也培育著孩子成為身心健康的生態小園丁。

　　雖然多數人住在乾燥的水泥叢林裡，但是還有陽台、窗台啊！或是在室內汲取一盆水生植物，就能創造出一塊小小的淨土、一處與自然對話的小角落，享受清新空氣的味道、隨著花朵生長的方向仰望陽光、隨著嫩幼的萌芽、翠葉的茁壯、花朵的綻放、果實的飽滿，和落葉的飄零，感受四季變化帶來的無限奧秘。

可愛雜貨，讓「花園」變「樂園」，創造屬於你的童話生活

　　最近吹起一股生活雜貨風，我個人平時也喜歡蒐集帶有童趣風味的雜貨，而且透過與孩子的玩樂，發現無論是高價的袖珍精品或是孩子的平價玩具，和大自然花草植物結合在一起，竟然有另一種趣味之美，像是把印有可愛圖樣的碗盤杯子插幾枝花小花、拿玩偶的外套為盆器穿衣服、用樂高積木拼盆花，更可以組合成表情豐富的迷你花園，真是滿足童年回憶，也紓解了生活中的煩擾，這是傳統講究優雅和流派園藝所不能達到的另一種祕境。

　　現在就去找找看你家裡蒐藏的寶貝吧！孩子不想再玩的玩具也是很好的花園佈置素材，與其束諸高閣，不如都拿到花園裡，用扮家家酒的心情盡情想像、任意組合、把雙手沾滿芬芳的泥土，有孩子的家庭一定要帶孩子一起參與，天真爛漫的童心創意孩子可能比你更在行，全家一起來把陽臺花園變成最歡樂的遊戲場吧！

　　本書獻給保有赤子之心，喜歡探索大自然的朋友，希望藉由可愛的植物和童趣花園雜貨的結合，每個家庭都能創造出具有回憶、療癒、歡笑聲的花園樂土。

本書的兩大目的：

A Garden Path to Happy
創造現代生活中有趣又能親近自然的紓壓方式。

For You & Kids
父母可以帶領孩子一起來種有趣好玩的植物，一棵鮮活的植物可以帶給孩子的，
總是比玩具更多，而且經常是物美價廉的好投資。

Contents 目錄

Part 3：Loving mini Garden
熱愛迷你花園

一、迷你花園，萬種風情自由式

二、打扮你的寵物盆栽

附錄

新手園丁的
六堂課

園藝栽培其中有許多部份需要和植物長時間共處，逐漸發現每一種植物的最佳照顧方式，也有些訣竅是共通的，只要把握以下六項基本原則，你就能輕鬆掌握到栽培花草的入門訣竅了：

一、為生命尋找溫床

1. 首先先瞭解植物原產地氣候：瞭解植物原本出產的國度氣候環境，就能知道「它」喜歡的生活條件，多數經過馴化後在台灣繁衍的植物其實大多已經適應良好，在特殊天候時多加關照，要快樂生長並不難。
2. 觀察居家環境條件：你家的居住環境和大自然的規律相同嗎？是否因為鄰近的高樓造成遮擋，或是因為建築物在某些方向無開窗，造成和大自然天候不同的現象，詳細觀察，你不僅能為生長習性不同的植物找到「真正」恰當的栽培位置，也會發現自己居住環境到底和大自然親不親密。

防風的臨時溫室

◆風大的時節，嬌嫩的花草就必須設立擋風設施來保護它們，「鳥籠」和「圍兜兜」可以方便的組合起一個溫室，把圍兜兜穿過鳥籠縫隙，遮擋面朝向風向處，鳥籠其他格柵處，仍可維持良好的通風。

迷你澆水器

◆兒童的玩具噴水壺份量剛好可以澆2～4盆小盆栽，蓮蓬頭式的噴嘴適合用在花葉不怕水雨臨打的植物，洗刷葉片上的灰塵和補充濕氣。

◆此款量杯的尖嘴可以用來把水澆在植物的土壤上，而不淋濕花葉，還有一個好用途，就是可以用來稀釋肥料濃度，肥料與水的份量搭配一目了然。

◆寶寶不用的奶瓶別急著丟，把奶嘴洞剪得稍微大一點，就是一個澆花器了，而且奶瓶身有刻度，也可以用來稀釋肥料的濃度，肥料與加水的適當比例一看就清楚。

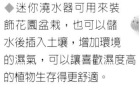

◆迷你澆水器可用來裝飾花園盆栽，也可以儲水後插入土壤，增加環境的濕氣，可以讓喜歡濕度高的植物生存得更舒適。

◆用袖珍賞玩的瓷壺來幫你的寶貝花草澆澆水，好好寵愛你的燦爛花園。長長的壺嘴澆水很方便，可以把水準確的澆灑在土壤上，不弄濕花葉。

二、可愛小幫手，讓園藝工作變有趣

市面上一層不變的「專業」園藝工具，仔細看看實在不怎麼有趣，也許換個可愛的造型，會讓園藝工作變得更有趣、更有勁喔！

保護手套

◆對於處理比較粗重的園藝工作，如搬運、鏟土、鋸木、修剪、接觸表面粗糙或有刺植物，戴上工作手套可以讓你的手多一層防護。

◆多鼓勵家中小朋友接觸園藝工作，親近大自然，想淘汰的冬天厚手套就可以拿來當成他們的工作手套。

土壤和爪耙子

◆栽種花草最好選購市售經過滅菌處理的乾淨栽培土，才能保障植物的健康。大型花市栽培土通常是一大包販售，小型園藝花店多有零售，可50、100元的斟酌零買，以免家中堆置太多閒置的土壤。購買前可先向店主說明要栽培哪一類的植物。

◆另外還有一種「壓縮土塊」（如圖片所示），因為經過壓縮體積輕巧好攜帶。依照說明切取適量的土塊，加上適量的水泡發調拌，就會膨脹成好幾倍甚至十倍的體積喔！

◆造型可愛的鏟子、耙子，可以讓園藝工作裡頭較粗重的栽培土處理工作變得輕鬆有趣，兒童玩具組照樣可以發揮功能，用起來一點也不含糊呢！鏟子多是用在填土、換土、挖掘和壓密；耙子多用來把土壤抓耙得疏鬆，或是在土壤面耙出一道道淺凹槽，方便播種時有規則和間距。

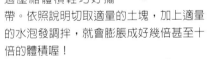

肥料吃補健健美

◆液態肥料可分為「觀花植物」、「觀葉植物」的專用肥料，需要加水稀釋，適當比例可參照肥料瓶身說明書來調製。

◆「有機肥料」被譽為環保肥料，對植物能提供無化學害處的養分，對土壤也不會產生殘留毒素的後遺症。有機肥多製成顆粒狀，且多屬於「緩效性」的肥料，每次施用量和施用間隔與化學肥料不同，參照說明使用即可。

專業園藝剪刀

◆修剪插花材料的莖枝，草本、灌木的老枝枯葉，使用專業用的園藝剪刀，會較俐落省力，同時可保護枝條切口平整。
每次使用過後要擦拭乾淨，維持衛生，若日久生鏽，要除鏽後再使用，或是更換新的剪刀。
一般園藝剪刀可分為二種：
1.剪比較纖細的插花材、草本植物、細莖灌木的「小園藝剪」。
2.剪粗大灌木、喬木枝幹用的「大園藝剪」。

肥料吃補健健美

◆在各縣市花市、園藝店、種子資材行、各大量販店的園藝區，都可購得各種「觀花」、「觀葉」、「觀果」、「蔬菜」植物的種子，小包裝一包約20～40元不等，購買時要特別注意：種子的有效期限、播種月份、出產單位是否有諮詢電話地址等資訊。

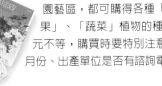

三、活水是一定要的啦

所有的植物都需要水分,但是對於水分的需求量不同,而且在澆水方式上也不同。以下有幾項原則需特別注意:

澆水供應方式分為下三大類型

適用植物類型	給水方式	澆水技巧	澆花器選擇
觀花植物 葉叢茂盛的植物 肉質植物 肉質觀葉植物 仙人掌植物	瞄準土壤澆水	撥開葉片瞄準土壤澆水,避免花葉容易腐爛,或是水分順葉流失無法被根不吸收。	尖嘴澆水壺
蠟質光亮葉片的觀葉植物、灌喬木	淋浴式噴灑	葉片具有蠟質光亮感、粗壯的植物多可用淋浴式噴灑。	蓮蓬口澆水壺
喜歡濕度高的植物	水氣噴濕	用噴霧器造水霧,或用淺水盤放在盆栽底部供水。	噴水霧的澆水器、可裝水放在盆栽底部的淺盤。

澆水的最佳時機:
澆水要選擇溫度不太冷也不太熱的的時間,以免澆水造成溫差太大而傷及根部,像是每天「早晨7:00~9:00」和「黃昏17:00~19:00」的時段,就是最好的澆花時間。

澆水的頻率:
栽種植物時,一定要瞭解該植物的需水性,才能給予適當的水量,不會造成太乾涸或積水的問題。

植物的需水性多分為三種等級:

需水量高:需水量高的植物通常是葉片較薄或開花量較多的植物,每天需澆水2次,早、晚各1次,有些喜歡潮濕的植物在氣候乾燥時可再加水霧噴灑。

需水量中等:需水量中等的草花植物和球根性植物,每1~2天澆水1次,選擇早晨或傍晚澆水。

需水量少:耐旱植物類,如金狗毛、仙人掌、多肉植物等,通常會建議每3~7天澆水1次。

四、土養、水栽各有訣竅

栽培土：

使用土壤栽培的植物，也稱為土養植物，市售栽培土多經過滅菌處理，用來栽培花木較不會有寄生蟲殘留問題，而且顧及水土保持，不宜到山區或荒地任意挖土。

雙優條件：栽培土通常需要兼具「肥沃」且「排水性良好」兩大特性最佳，腐質土和砂土就是好組合；另也有植物喜歡黏性較重的土質，在購買植物時可一併詢問適合的土質。

增加排水性：若要自行增加土壤的排水性，可在土壤中加入適量的蛭石、珍珠石、蛇木屑等介質來混合。

增加肥沃性：若希望增加土壤的營養成分，可在土壤裡加適量有機肥料混合，再用來栽種植物。

水栽法：

不用土壤而用水栽培的植物，通常稱為「水生植物」，如挺水植物、沉水植物、漂浮植物等，也有許多可用土壤栽培也可用水栽培的植物，如球根類植物、虎尾蘭、萬年青、開運竹、插花材等。

瓶器插栽：如果用瓶器插栽，換水頻率通常建議每2～3天換1次清水。

水塘栽植：如果植物是栽培在水塘或水箱裡，則要經常維護，有落葉或雜物掉入要立即撈除，每隔1～2個月作一次「部份換水」，以保持水質的乾淨度。

五、施肥（無化學成分的肥料為宜）

市售的肥料種類很多，最通用的就是針對賞花或是觀葉植物的「觀花類植物專用肥」和「觀葉性植物專用肥」，肥料型態上有顆粒狀、液態狀，液態肥料需要按照使用說明上的稀釋比例調勻後才可施用，顆粒狀的肥料也要照說明來用量和使用間隔，以免肥料太多、太濃反而造成植物的損傷；近年來考慮土地的永續利用和施用者的健康，「天然有機肥料」是最佳選擇，只是天然有機肥多為長效性肥料，施用間隔通常2～3月施用一次即可。

六、修剪、換盆&特殊呵護

摘心&修剪老枝：植物生長期間，把莖枝頂部嫩芽摘除，可刺激側邊再發新芽，使植株長得較茂生，稱為「摘心」；長成的植株在花季過後或是秋季通常會修剪枝條，一來可減少養分消耗，才能順利過冬，二則可以促進來年再發新枝芽。

換盆原則：盆器的大小會影響植物根系的生長，進而影響植物長大，如果希望植物小小的較可愛，可以不特別換盆；如果希望植物能逐漸長高、更茂盛，則在生長過程中要觀察植株是否太擁擠，通常幼苗成長階段換盆次數較多，成長穩定後每隔1～2年換盆1次即可，換盆時注意保持根部土球完整移動到新盆器，其餘空隙再填新土，才不會損傷根部。

防風吹：強風的吹襲對於植物多有損傷，尤其嬌嫩的花卉和莖枝細軟的植物更是不堪一擊，無論是夏季的西南季風、冬天的東北季風，或是偶來的颱風時節，都要有適當的防風擋風措施。

陰雨連綿時：潮濕的時節如果加上悶熱，很多植物多會出現腐爛、蟲害的現象，所以雨季要特別注意栽培環境的通風一定要良好。多數開花植物都怕雨打，所以最好能移到遮雨棚或屋簷下避雨，耐陰性較佳的植物也可移到室內。

艷陽高照時：夏季強烈的陽光對於多數植物來說很容易發生灼傷和乾枯的現象，所以最好有適當的遮陽措施，如屋簷下、有遮陽網的環境可稍擋烈日，對植物作適當的保護。

Part2
可愛植物
大集合

懶人的麻吉寵物

空氣鳳梨

空氣鳳梨是一種長
得像鳳梨葉叢的鳳
梨科植物，不用土
也不用水栽培，它
的根會抓住樹幹或
岩石錨掛生長，吸
取空氣中的水分來
生存。空氣鳳梨很
適合作居家室內佈
置，每種長得千奇
百怪，很能創造生
活樂趣。

空氣鳳梨

學名　Tillandsia
英名　Tillandsia
綽號　氣生鳳梨、附生鳳梨、松蘿
　　　鳳梨，簡稱「空鳳」。
族譜　鳳梨科草本氣生植物
家鄉　美國、墨西哥、巴西、哥斯
　　　大黎加等拉丁美洲國家。

最美麗的時候
一年四季

◈空氣鳳梨都不需土壤栽
培，幫他們用鋁線彎個造
型椅子坐坐就行了。

14

我叫「全紅空氣鳳梨」，我的葉叢最像鳳梨的葉叢了，好好照顧我包你好運旺旺。

空氣鳳梨的葉片多披有細鱗毛，彷如小動物剛出生的茸茸胎毛。

可愛植物 才藝秀

請你這樣照顧我

1. **陽光**：半天可受到日照的環境最佳，東向花園、窗台、陽台最佳，避免強光曝曬，提供通風良好、光線柔和的環境，空氣鳳梨通常就能自己好好的活下去了。

2. **水分**：空氣鳳梨夜晚毛孔才會張開，夜晚澆水才有效果，全株噴水後，要把整株反倒過來，讓葉叢心凹處水分流乾以免腐爛。每2～3天噴水1次；夏季和炎熱、乾燥的環境每1～2天天噴水1次；潮濕多雨季節每週噴水1次。

3. **特殊呵護**：夏天酷熱要注意通風和遮蔭；冬天要移到防寒擋風的位置；多雨季節要避免雨淋。

4. **室內栽培訣竅**：在室內觀賞選擇窗邊明亮的位置，每2天移到戶外透透氣、照照陽光，再移入室內。冷氣房較乾燥，每天夜晚記得噴噴水，或是在植株附近放一小杯水增加空氣濕度。

空氣鳳梨生Baby

空氣鳳梨以分株法來繁殖，成熟的植株在接近根部的地方會長小苗，等小苗隨母株成長半年以上，才能採收做分株，由於等待時間較長，技術性較高，購買現成植株來觀賞栽培最方便。

花園遊戲

取綽號：你的空氣鳳梨看起來像什麼？發揮想像力幫它取個綽號吧！

動手腳：體型較小的空氣鳳梨，可將根部以雙面膠或熱融膠固定在喜歡的器物上，如筆筒、玻璃杯、貝殼等，小心不傷害根系，他就會定著在那兒生長了。

1. 造型超個性：

空氣鳳梨品種繁多，各有特色，葉色常見有灰綠、白綠、紫紅色，葉形有些寬平排列如一面扇子，有的全株像海膽、章魚形狀。花形、花色、花期也各有不同。

2. 葉片鱗毛多，根會五爪功：

空氣鳳梨以葉面上的毛孔來吸收空氣中的水分，是全株的主要營養來源，面上披著一層銀灰色的細鱗毛，可反射強光，毛孔則控制水分進出，根部則不做營養吸收之用。

3. 六項全能超厲害：

空氣鳳梨兼具耐旱、耐風、耐光、耐陰、耐熱、耐寒特性，很像植物中的忍者吧！

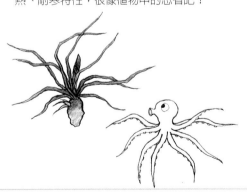

尋寶Q&A：

還有其他的氣生植物嗎？

「蘭花」和「蕨類」中有些品種也是氣生植物，如吊蘭、萬代蘭、鹿腳蕨等，植株體積較大者多會以蛇木板、蛇木柱或混合疏鬆介質做盆栽栽培，以防傾倒損傷花葉，大型的空氣鳳梨也是如法泡製來栽培。

懸掛枝頭的泡泡球

風船唐棉

風船唐棉最可愛的地方，就是一顆顆圓膨膨的果實，顏色淺綠輕透，表面有許多長長的綠毛，摸摸看，其實很軟，一點也不扎手喔。葉片呈狹長翠綠色，每年春夏會開白花，花謝後，就開始結生一顆顆充滿空氣的可愛「蒴果」了。

風船唐棉

學名	Asclepias fruticosa
英名	Club fruit、Asclepias
綽號	氣球唐棉、釘頭果、河豚果、蝴蝶樹。
族譜	蘿藦科多年生草本植物
家鄉	南非
最可愛的時候

花期：春～夏季。結果期：春、夏、秋陸續結果。

◆ 是誰吹出一顆顆輕飄夢幻的泡泡球？每看一眼，總讓人莞爾而笑。

花園遊戲

數數看：量量看，風船唐棉泡泡球直徑有多大？數一數每顆蒴果上有幾根軟毛？讓家裡小朋友一起測量更有趣。

剝剝看：把已經很乾燥的風船唐棉球體從表皮小心切開，裡頭一枚種子房裡有許多細小的種子，尚未熟透是綠色，呈黑色則可播種用。

尋寶Q&A：

還有其他空心氣球狀的蒴果植物嗎？

無患子科的「風船葛」也有可愛的氣球蒴果，別稱「燈籠草」、「倒地鈴」，其蒴果略成粽子狀，有多道稜線，果體內分三室，各藏著一顆種子，黑色種子上有白色心型狀，超神奇可愛。

◆ 膨果裡頭多半是空氣，中央有一個被綠色鬚毛懸架著的「育嬰袋」，裡頭孕育著上百顆密麻細小的種子。

◆ 布滿長刺的扎扎球體看起來有點嚇人，摸摸看，其實這些刺很柔軟，一點也不扎手呢。

請你這樣照顧我

整株土壤栽培

1. **環境**：陽光明亮充足、通風良好、氣候溫暖的環境最佳。全天日照充足的南向、西南花園陽台最佳。
2. **土質**：一般市售栽培土即可，隨植株長大要適度增加土量和換盆。
3. **水分**：春秋冬1天澆水1次，夏季1天早晚共澆2次水。
4. **施肥**：每星期1次速效肥，或3個月1次緩效性肥料。
5. **特殊呵護**：

   設立支柱：植株長至80公分以上，就需設立支柱扶撐。

   適度修剪：成長時修剪枝條可讓植株低矮茂盛，開花結果量更豐盛。結果期後，將整棵修剪到剩約30公分高度，可促進萌發新枝。

   防風措施：風船唐棉不耐風吹，注意設置防風措施或移到避風位置。

切枝觀賞

1. **選購重點**：挑選枝條筆直、新鮮、無缺損割傷、蒴果數量多、顆顆飽滿膨圓、鮮嫩白綠色。並要求老闆包裝保護好再上路。
2. **修剪枝條訣竅**：修剪枝條長度時會流出白色乳汁，宜先墊好紙張避免沾污桌面，修剪好的枝條端部以清水沖洗乾淨再插水瓶。

風船唐棉生Baby

風船唐棉可以用播種和扦插方式來栽培，時機約在初春或涼秋。約2~3周才會發芽、生根，半年後才能開花結果。

可愛植物 才藝秀

1. **無限遐想的魅力**：風船唐棉的模樣，如輕飄的氣球、鼓漲的河豚肚、扎滿針的針線枕，發揮你的想像力，這種植物會愈看愈有趣喔！
2. **招蜂引蝶有一套**：風船唐棉還有一個別稱「蝴蝶樹」，開的白花具有甜甜的蜜汁，花期間容易招引蝴蝶飛來喔！
3. **懷孕俏媽咪**：是不是很好奇這氣囊裡頭究竟是什麼模樣？取一顆小心剖開來，可看見皮膜很薄，裡頭多是空心的，中央還有一個種子房，膜層裡有緊密排列的繁多種子，乾燥成褐黑色後即可拿來播種。

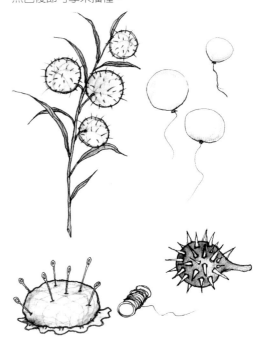

鮮豔欲滴紅澄澄

南瓜紅茄

南瓜紅茄屬於觀果
植物，果體大約在
3～5公分，顏色鮮
豔，植株高度可達1
公尺以上，紫綠色
或紫黑色莖枝，略
具彈性，莖皮上有
小刺和短茸毛，開
白花後就是結果期
了。庭園栽培、盆
栽，或是取切枝材
做室內花藝都別具
風情。

南瓜紅茄

學名　Solanum integrifolium Poir.
　　　Tomato-fruited Eggplant
英名　觀賞紅茄、蕃茄
綽號
族譜　茄科一年生草本植物
家鄉　熱帶地區
最可愛的時候
　　　每年1～5月為觀果期。

◆ 無論長得像是南瓜還是
番茄，果實累累大豐收，連
南瓜燈也笑得開懷。

請你這樣照顧我

整株土壤栽培

1. **環境**：栽種南瓜紅茄需要陽光充足、氣候溫暖的環境最佳。
2. **陽光**：南瓜紅茄需要全日明亮充足的陽光，遮蔭處容易發生枝條徒長、果實弱少的情形。
3. **水分**：每天澆水1次，莫等土壤乾燥才澆水，土面也不可有積水殘留。
4. **土質**：排水良好的土質最佳，可在栽培土中混入一些蛭石、珍珠石。
5. **施肥**：種植前混入堆肥、有機肥可促進植株發育，成長中每2周可施用速效肥。
6. **特殊呵護**：結果期間避免淋雨，以免發生腐爛情況。

切枝材觀賞

1. **產量並不多，把握時機**：1～5月份之間，可能在花市或花藝店可購得切枝觀果材，通常每支枝條上有十多顆果實，份量十足。
2. **減少葉量避免耗損**：購回的枝材最好先將葉片都拔除，或是留下少數幾片裝飾就好，減少養分消耗。
3. **減少細菌感染和腐爛**：枝條修剪後的切口處可用火略燒灼，減少細菌感染，插水或不插水皆可，注意果實不可泡水，觀賞期視果體青熟程度約14天左右，可選購五成果實還青綠的枝材觀賞期較長。

南瓜紅茄生Baby

南瓜紅茄多以播種法繁殖，利用春、秋季涼爽氣候最適合播種，大約經過10天左右發芽，株高20公分時可行摘心一次促進分枝。一般居家觀賞或園藝佈置，多在結果期購買現成的切枝。

花園遊戲

數數看：家裡的南瓜茄一枝大約有幾顆？果實由綠轉為熟紅大約多少天？

◆ 看看這光澤亮麗的模樣，是不是很好吃啊！等等，觀賞就好，可別真的把我咬下去喔。

可愛植物 才藝秀

1. 鮮豔欲滴真誘人：
南瓜茄果實初結時為翠綠色，隨著成熟逐漸轉為橙黃色或鮮紅色，一枝串上有綠有紅，果實累累，捧起來沉甸甸的很有份量，不過這是觀賞品種，並不適合食用。

2. 一果分飾三角：
南瓜紅茄，果實上有一稜稜凹線，像是扁圓形的南瓜，可稱「南瓜茄」；果實從青綠轉呈豔紅色，和番茄熟紅的過程相似，也可稱為「紅茄」；再看看又挺像柿子，也有人稱為「番柿」。你還有其他的聯想嗎？

尋寶Q&A：

還有可愛的觀果植物嗎？
小巧可愛的觀果植物還有五指茄、觀賞小南瓜、蛋茄、聖誕果、朱砂根和狀元紅等、模樣都非常可愛逗人。

搖曳的金色鈴鐺

宮燈百合

宮燈百合屬於稀少的珍貴花卉，台灣產量不多，早期為進口花材，近幾年在陽明山、清境、埔里等地區已可看到。宮燈百合和百合花同科，屬於球根植物，葉片形狀類似，但花型卻非常嬌小，像是小宮燈，顏色金黃漂亮。

宮燈百合	
學名	Sandersonia aurantiaca
英名	Sandersonia / Christmas bells
綽號	聖誕百合、鈴鐺百合
族譜	百合科草本植物
家鄉	南非
最可愛的時候	冬～春最盛，目前夏季也可購得。

◆ 叮叮咚咚鮮豔橙橘色的花鐘，和翠綠狹長的俐落葉片互相襯托，喜氣又熱鬧。

花園遊戲

寵物哈哈鏡：猜猜我像什麼？除了像是宮燈、鈴鐺，也有點像是桌上的檯燈吧！還像什麼呢？看到宮燈百合，也讓你想到元宵節小朋友提花燈的可愛模樣吧！想想看，歡迎再為我取一個新綽號！

土洋比一比：國產的宮燈百合和國外進口的花材不同之處，在於荷蘭進口的莖枝較為粗短，國產的莖枝較細長柔軟。國產宮燈百合的好處是就近取材新鮮度較佳，且觀賞期限較長，可達10～12天。

尋寶Q&A：

還有鈴鐺花型的植物嗎？

聽過「風鈴草」嗎？找找看這種植物，你會發現「鈴鐺家族」的花卉都具有令人憐愛不捨的魅力。

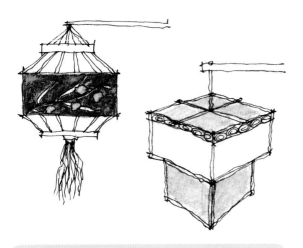

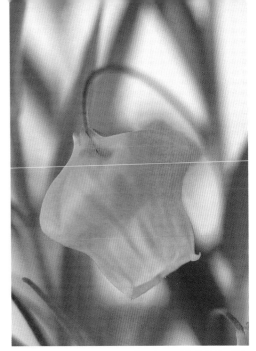

◆ 欣賞一口口曲線別致的燈型花,它能照亮你的心靈,帶來無限的喜悅和溫柔。

請你這樣照顧我

1. **產地取材最新鮮**:台灣就近生產的宮燈百合最新鮮,且比進口花材便宜,插花時間也較長,約可維持10天左右。購買時宜選擇全枝挺拔、枝葉翠綠、葉片和枝條完整無損傷、花飽滿沒有萎縮凹陷和斑點等現象者為佳。

2. **包裝保護花苞**:宮燈百合花型包藏空氣,若是不小心壓扁就不美觀了,所以買花材時要特別小心包裝保護。

3. **葉片減量現花姿**:宮燈百合的花材可適度摘除部份葉片,才能避免擁擠感,顯現出宮燈花垂吊著叮咚搖晃的可愛特色。

4. **涼爽通風位置佳**:室內插放也要選擇通風良好且涼爽的位置,陽光太大或是溫度高的地方會造成花朵早凋,在冷氣房欣賞因為空氣流通不佳,最好每天晚上移到戶外透透氣。

5. **換水頻率**:
   每1~2天更換一次瓶水,把花材端部略修剪1公分左右,可保持花材清新健康。

宮燈百合生Baby

宮燈百合由於繁殖技術較高難度,一般人很少自行繁殖,尤其花季不長,在冬~春天花期間,可購買現成花材來欣賞,是最方便實惠的做法。

可愛植物 才藝秀

1. **花型特別顏色俏**:宮燈百合的花為金黃、桔黃色,一朵朵花向下垂吊著,形狀像是中國宮燈,也像是西洋聖誕鐘,因此有「宮燈百合」、「聖誕百合」、「鈴鐺百合」之稱。

2. **新娘&花藝師最愛我**:宮燈花因為花型特殊,顏色鮮亮,在花束設計時很能發揮畫龍點睛的效果,風格獨具,所以成為插花師、新娘捧花設計時非常愛用的素材之一。

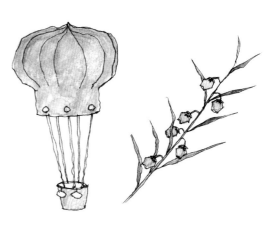

歡迎神仙客人來

仙客來

仙人來，客人來，家裡種盆仙客來，像是賀客迎門的喜氣景象。仙客來喜歡涼爽氣候，全株花姿具有脫俗之美，涼秋冷冬有「仙客」來訪，氣氛分外熱鬧。花色有純白、乳白、紅、桃紅、紫紅色等變化豐富。

仙客來

學名	Cyclamen
英名	Cyclamen persicum
綽號	一品冠，火炬花
族譜	報春花科多年生球根植物
家鄉	地中海沿岸
最可愛的時候	冰冷~每年春末是花期農盛的時節

◆ 神「仙」「客」人都「來」到，快快倒茶、煮火鍋迎嘉賓囉！

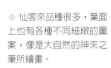
◆ 仙客來品種很多，葉面上也有各種不同細緻的圖案，像是大自然的神來之筆所繪畫。

◆ 從上俯視，仙客來的花朵很像一支支「風車」呢。

請你這樣照顧我

整株土壤栽培

1. **陽光**：秋冬季節在全日照、半日照的花園、陽台、窗台皆可生長良好，若放在室內建議在有自然光又通風的窗邊，春夏季陽光較強烈時，需適度的遮陽。

2. **土質**：疏鬆富含有機質且排水良好的砂質壤土為佳，也可用市售泥炭土混合珍珠石、蛭石，可增加泥土的疏鬆度，以利通風和排水。

3. **水分**：仙客來不能缺水，天氣炎熱時尤其要注意不能缺水太久。秋冬季節每1～2天澆水一次，下雨冷天可2天澆水1次，注意土壤的排水要好，土表不可積水，以免球根腐爛，澆水不要淋濕花和葉片。

4. **施肥**：栽培時在培養土裡先混合基肥，開花期間每1～2週少量給予液肥。

5. **特殊呵護**：
   夏季避暑冬避寒：冬天比較寒冷，可移入室內光線良好通風的地方避寒；炎夏則可移到陰涼處。
   失水急救：若缺水太久，全株葉片花莖會倒塌下垂，儘快給予水分，莖葉會逐漸恢復挺拔。
   減少蟲害：枯黃的老葉和凋萎的花朵要立刻剪除，而且最好整枝花莖和葉柄都清除乾淨，可減少殘枝腐爛造成病蟲害。
   分辨花苞別剪錯：還未開放的花苞呈低頭狀，且花莖較短，模樣嬌羞可愛，切莫當成殘花而剪除。

可愛植物 才藝秀

1. **特殊花型耐玩味**：
   仙客來的花型像燈罩、飛翔的鳥，也像是火炬，從一些特別的角度看，還很像風車和電扇的旋轉葉片呢！

2. **葉片圖案如密碼**：
   仙客來除了花卉特別，連葉子也很特別，有些品種葉片上有細緻的淺白色或銀灰色圖樣式的花紋，通常呈對稱形式，仔細觀察非常玄奇有趣。

仙客來生Baby

仙客來的繁殖法多以播種法或分球法，在秋季～早春涼爽氣候皆適合進行。由於生長培育條件較多，不易自行以球根繁殖，直接購買盆栽回家觀賞還是最方便的做法。

花園遊戲

花樣大不同：除了前述的舉例，你從不同角度觀賞，覺得仙客來的花還長得像什麼呢？

提示：可從它的綽號之一「一品冠」來想像。

葉片密碼：仙客來許多品種的葉片上都有細緻的花紋，發揮想像力看看，像不像是幅抽象畫？還是具有密碼意義的圖騰啊？你有不同葉片紋路的品種嗎？

尋寶Q&A：
仙客來還有其他的品種
仙客來依照品種大小不同，可分為「大輪種」、「小輪種」、「迷你仙客來」，比較看看哪一種最可愛，買你最喜歡的那一種。

稱霸沙漠的多刺怪客

仙人掌家族

仙人掌模樣千奇百怪,全身長的刺其實是由葉片退化而成的,以減緩生長在乾旱環境水分蒸發的速度。造型特別可愛和容易開花的品種如星類、疣仙人掌、緋繡玉、雪晃、緋牡丹類等,都是適合仙人掌入門者的首選。

仙人掌家族

學名	Cactus(每一種仙人掌都依照科屬命名)
英名	Cactus
族譜	仙人掌科多年生植物
家鄉	北美洲、墨西哥、阿根廷、祕魯、巴西、智利等地

最可愛的時候

一年四季都可愛,花期依品種不同而異,開花多在夏秋季,顏色通常很鮮豔。

◆ 外星來的朋友駕著超特別的戰艇。這麼多的皺摺,
是不是也讓你想起了小吃店裡的滷大腸,還是電梯間擠成一堆的消防水管?

◆ 這些密密麻麻的細茸刺很扎手喔，要換盆時可以隔著厚紙捲成圈狀來移動它。

◆ 我的刺又長又尖，守在窗台沒有小偷敢靠近。

請你這樣照顧我

1. **陽光**：多數的仙人掌科植物喜歡明亮的光線，但不一定需要全日強光照射，柔和的光線反而最適合生長。
2. **介質**：可使用市售的顆粒土或栽培土，加入一些粗砂、蛭石、珍珠石、稻殼等增加土壤的排水性和疏通性。
3. **水分**：仙人掌能適應乾燥炎熱的氣候，平日不用常澆水，約1週澆水1次即可，利用早晨或黃昏澆水，澆在土壤介質上。
4. **施肥**：仙人掌身強體健，不需要施肥也能生長良好。也可在栽植前或換土換盆之際，在栽培土中添加緩效性有機肥，平日無須再施用速效肥。
5. **特殊呵護**：
   夏季適當遮簷和通風：在都市栽培要特別注意通風，夏季陽光強烈又悶熱時要有略有遮簷。
   避免淋雨和強風：雨天要避免淋雨，颱風天要小心植株颳倒受到損傷。

仙人掌生Baby

仙人掌可用「種子繁殖」，也可用「嫁接方式」改變造型。嫁接利用持續晴朗穩定的天氣，以長柱狀的仙人掌為基礎母株（種好在盆器中），用消毒過的刀片把上端全水平切除一片，而將要嫁接過來的球狀仙人掌下部處水平切除，使兩株切口處維管束組織互相緊密接合，用細線把「嫁接手術」完成的新仙人掌和盆器邊緣固定好即可。

花園遊戲

仙人掌組合盆栽

仙人掌植物很適合作組合盆栽，不同造型的仙人掌高高低低組合在一起，十分有趣。在花市或專業的多肉植物、仙人掌園可看到琳瑯滿目的仙人掌品種，可評估自己的庭園陽台大小，或是要作迷你型的組合盆栽，來決定要挑中大型或比較袖珍迷你的仙人掌。

◆ 仙人掌的花色、花型依品種各有不同特色，看這樣「刺」裸裸的硬漢也能開出鮮豔柔美的花朵，總是讓人特別驚奇喜悅。

可愛植物 才藝秀

1. **造型怪異樂趣多**：仙人掌科裡包含千萬種奇特形狀的品種，造型變化萬千，目前原生種和園藝雜交培育出來的多達5000種以上的樣貌。
2. **賞玩的重點**：賞玩一棵仙人掌，最主要的是欣賞它的五項特徵：包括植株型態、稜、刺、開花、結果等部份。
3. **沙漠中的救命果**：仙人掌因含水分，在沙漠中是臨時獲取水分的救命植物，有些品種果實和肉質莖還具有食用價值，像是我們日常吃的「火龍果」、澎湖的仙人掌冰都是典型代表。

尋寶Q&A

尋訪仙人掌的各族親戚。
仙人掌的品種多達數千種，選購時可以形狀、顏色和刺感是否喜歡為考量，記得詢問老闆該棵仙人掌的開花期，或要求看開花模樣的照片，再決定是否要採購回家當寵物。

奇特的捲心花

彩色海芋

海芋的花姿清雅脫俗，俗稱的海芋花色主要是經典白海芋，每年陽明山的海芋季即可欣賞到一大片海芋花海，有些花農還開放讓遊客親自來採海芋。彩色海芋花色較為繽紛塊麗，有黃、橙、紅、紫色等顏色，視覺感受上更豐富。

彩色海芋

學名　Araceae Zantedeschia
英名　Calla Lily
綽號　馬蹄蓮、捲心花
族譜　天南星科多年生草本花卉
家鄉　南非
最可愛的時候
秋冬～翌年春季為主要花期

◆ 彩色海芋的佛焰苞片清麗特殊，像一支支捲餅冰淇淋。

◆ 一個原本平凡的杯子貼上幾張鮮豔的貼紙，就活潑起來了。

請你這樣照顧我

1. **陽光**：全天日照明亮的環境最佳，庭園、陽台皆可栽培，光線不足易使葉片變黃、花型花色不佳。
2. **介質**：彩色海芋多用土壤栽培，採用市售培養土，尤其疏鬆且富含有機質的砂質壤土最佳；都市居家或辦公室觀賞，很適合購買切花材，可在室內光線明亮的地方作插水觀賞。
3. **水分**：土栽的海芋在春、夏季每天澆水1次，避免土壤過於乾燥，秋、冬季每1～2天澆水1次即可；插水花材每2～3天換水1次。
4. **施肥**：定植前先在培養土裡混合一些基肥，成長中再施用磷鉀比例較高的液態肥。
5. **特殊呵護**：
   喜歡涼爽難耐熱：海芋不耐炎熱高溫，涼爽的秋、春是海芋最快樂的季節，夏天天氣變熱，要注意保持栽培環境的通風和涼爽。
   冬季需防風：海芋在冬季要注意防風措施，低溫受凍容易損傷植株。

彩色海芋生Baby

海芋多以種球來繁殖，秋季為最恰當的時機，由於技術性較高，一般居家欣賞買現成盆栽或是切花材較為方便。

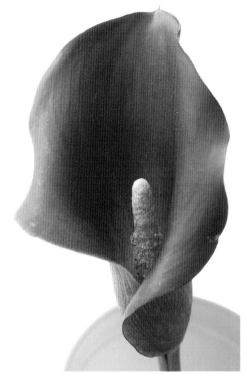

◆ 看我擁有最優美流暢的自然曲線。

可愛植物 才藝秀

1. 特殊的佛焰苞片：
彩色海芋的花型像是一個微開的捲筒狀，也有點像是漏斗形，此片狀構造稱為「佛焰苞片」，裡頭有一根黃色肉質穗狀花序，真正的花其實很小。整朵花看起來非常特別也很有趣味感。

2. 海綿質的葉柄：
彩色海芋葉柄很長，鮮綠色，為膨鬆的海綿質，葉片厚實，長橢圓形末端尖，呈劍形或戟形。

花園遊戲

仔細觀察，測量看看：海芋的佛焰苞開到最大時，綻放角度大概是多少度？
量量看：你所見過的彩色海芋佛焰苞裡那支肉質花序大約幾公分長？

尋寶Q&A：
還有其他花形是佛焰花苞片的植物嗎？
佛焰苞是天南星科花卉的特色，如「花燭」、「火鶴花」、「白鶴芋」、「合果芋」等植物都具有這樣的特殊構造，可以多欣賞比較看看。

圓潤碩大的綠寶石

栗豆樹

栗豆樹是一種可以長
得很高大的喬木，由
於它的種子非常碩大
又圓潤，長得太可愛
了，所以反而成為觀
賞的重點，當它長出
幼嫩的莖枝葉片，全
株更顯得綠意十足。
半露出土壤的種實和
開裂的縫隙看起來真
是神秘！

栗豆樹	
學名	Castanospermum australe
英名	Castanospermum
族譜	綠元寶、綠寶石、元寶樹、 澳洲栗
家鄉	澳洲
最可愛的時候	
一年四季都可愛	

◆ 你看！童話城堡外一
顆巨大的魔法綠寶石裂開
了，從縫隙裡竟然長出一
棵翠綠的樹苗！

◆ 渾圓胖嘟嘟的種實外皮，和翠綠的嫩葉都帶有光澤，看起來非常清新乾淨。

請你這樣照顧我

1. **陽光**：栗豆樹需栽培在全天日照充足的環境中生長，不過也能夠耐半陰，可作室內盆栽欣賞，室內栽培儘量放在靠窗邊有自然光的地方，長期光線太弱容易造成枝葉細軟長不好。
2. **土質**：以疏鬆肥沃、排水良好的砂質壤土最佳。
3. **水分**：春、夏季每1～2日澆水1次，秋、冬季3～4天澆水1次，不可潮濕積水，否則種實容易腐爛。
4. **施肥**：每2個月施用一次觀葉植物的液體肥料即可。
5. **特殊呵護**：

   冬季需防風避寒：栗豆樹喜歡溫暖的氣候，冬季要注意寒流，天氣冷可移入室內避風寒。

   避免損傷種實：栗豆樹的種實是全株生長的營養來源，要妥善保護，避免割傷或擠壓造成損傷。

栗豆樹果實生Baby

如果買栗豆樹的種子回來自己栽培，種子要先剝去外層褐色的種皮，半埋入中，澆水保濕，約經過1個月左右才會發芽，要耐心等待喔！最方便的方式，就是購買花市有現成經過催芽和已發芽的栗豆樹盆栽，照顧得當可以觀賞好幾年呢！

花園遊戲

栗豆樹的種實經過一段時間的栽培，營養提供給新枝嫩葉，所以逐漸消耗變得萎縮乾扁，不過會留下滿盈的綠葉，成為另一種清新的蛻變。等等看，你的栗豆樹種實經過多久後會完全乾扁掉？

可愛植物 才藝秀

1. **圓潤飽滿的肥美種子**：栗豆樹是少數觀賞「種子」的植物，它具有碩大圓潤的種子，剝去外層咖啡色的種皮，露出光滑又翠綠的模樣，非常可愛，因此俗稱為「綠寶石」、「綠元寶」。
2. **奇特的迷你小樹**：栗豆樹實際為可以長到數公尺之高的喬木，可當作庭園樹，有不錯的樹蔭效果。但是在趣味園藝上，多施用矮化劑使植株長不高，而且不更換盆器，就只會發出莖葉幼芽，不會長得太高，很適合作為桌上迷你盆栽或窗邊盆栽來觀賞。

華賓Q&A：

體會更多種的種子生機與精力。

透過栗豆樹，你一定深深感覺到種子裡蘊藏的無線生機，而且每種植物的種子模樣都不同，和人一樣各有各的特色。如竹柏、咖啡、馬拉巴栗、武竹、七里香、龍眼、芒果等顆粒較大的種實，或是細小的花卉種子、蔬菜種子、綠豆、紅豆、黃豆等等，都可以多多嘗試栽培成幼苗來觀賞。

像絨毛玩偶的叢林精靈

金狗毛&嫩葉捲

金狗毛蕨全株型態是由金狗毛為
親土的生長點，上方長出一支支
長長的蕨葉葉柄，葉柄上也附有
金黃色的茸毛，葉片為三回羽狀
複葉，成熟的葉片上會長孢子囊
群來繁殖後代，全株連葉高度可
達2～3公尺之高。

金狗毛&嫩葉捲	
學名	Cibotium taiwanense, Cibotium Barometz(L.)J.Sm. Dicksoniaceae
英名 綽號 族譜	玩具蕨，猴毛頭，金毛獅子 鮮類蕨科，多年生地生性蕨 類植物
家鄉 最可愛的時候	台灣等叢林地區 一年四季

◆ 嘿嘿！這裡是猴尾專賣店，我要來換一根新的尾巴。

◆ 我和毛茸茸的獅子哥倆好，很速配吧！

◆ 金狗毛全身毛茸茸的，像是皮草般的觸感，非常特別。

◆ 看我的回眸一眼，有沒有被電到啊？

請你這樣照顧我

1. **環境**：金狗毛適合生長在有遮蔭、潮濕的地方，很適合室內觀賞，或是有遮簷的陽台、花園樹蔭下等地方。

2. **陽光**：要有遮簷，光線柔和或是稍蔭庇微亮處為佳，不宜強光烈日直射，室內有光線漫射的位置也很適合栽植。

3. **土質**：一般市售栽培土即可栽培。

4. **水分**：除去葉叢只取莖塊來當盆栽，就不需要攝取太多水分，每週在土壤上澆水1次即可。澆水時維持少量對準周圍泥土小心澆灌，避免弄濕這些金毛，土表更不可積水。

5. **特殊呵護**：

   潮濕環境需通風：雖然潮濕的氣候很適合金狗毛，但要注意通風要良好，不可悶熱。

   不可淋雨：金狗毛的毛面略有防水作用，但是雨水淋久了仍會溼透容易腐爛，因此雨天要避雨。

金狗毛蕨生Baby

金狗毛蕨和其他蕨類相似，都是利用成熟葉片上長出的孢子囊群來繁殖後代，成長過程需要許多年才能長成，一般居家很少自行繁殖培育，多由專業育種專家來培植成品供應花市販售。

花園遊戲

看看形狀，打扮成有趣的動物：每一顆金狗毛的形狀、大小、毛色都不太一樣，選購時可以先看看像什麼，挑個最有趣的形狀，回家在適當的位置黏上裝飾，樂趣無窮。

◆ 蕨類的捲莖披著粗粗的褐色毛，茸茸捲曲的模樣，好像咖啡捲心蛋糕，好像一個個跳躍的音符，也像是大自然叢林中神秘的問號。

可愛植物 才藝秀

1. 毛茸茸的植物玩偶：
金狗毛全身長著棕黃色的毛，毛茸茸非常有趣，可以稱他是植物中的玩偶。

2. 早期民俗療法的止血藥：
阿公阿媽年代，金狗毛也是民間藥用植物的材料呢！在台灣中藥材稱為「金毛狗脊」，多是鄉間居民用來緊急處理小傷口的止血之用。

3. 不理不睬我照活：
金狗毛超級耐得住寂寞，生命力旺盛，即使偶爾忙碌得忘了他幾星期，它仍自得其樂的活著。

尋寶Q&A：
還有什麼植物也長得毛茸茸？
想再多看看有毛毛質感的植物嗎？野花草類的「白花、紫花藿香薊」；多肉植物的「雪絹」、「左手香」；觀葉植物「虎耳草」；灌木類的「紅粉撲花」；樹木類中「白千層樹」開的花等，這些植物各有各的特殊「毛」感，值得多玩味。

造型特炫
植物

傑克與魔豆的通天梯
開運竹

開運竹是吉祥又好栽的室內植物,取材來自於龍血樹屬的富貴竹,葉色翠綠,莖枝筆直,莖節明顯。除了筆直的莖節,還有經過園藝特殊誘導生長的彎曲造型,更顯有趣,像是童話故事中傑克的通天魔梯,也很像老爺爺的枴杖呢!

開運竹

學名	Dracaena sanderiana.
英名	Lucky bamboo
綽號	幸運竹、富貴竹、綠葉仙、萬年青
族譜	百合科龍血樹屬常綠木本植物
家鄉	南非、衣索比亞、奈及利亞,彎曲莖為園藝栽培種
最可愛的時候	一年四季綠油油

◆ 傑克的魔豆真的快竄上天了。

◆ 開運竹原本莖枝是直立的，經過園藝技術誘導生長方式，產生各種有趣的彎曲弧度，

◆ 莖枝上每一個節，都是可以發根的新成長點，切下長度10公分以上含有莖節的萬年青，插水就能從節處發根成長。

請你這樣照顧我

1. **環境**：由於開運竹耐蔭又用水栽，很適合在室內栽培觀賞和作居家佈置，只要擺放位置能靠窗邊有柔和的陽光，或是在室內有漫射燈光的位置都可栽培成功。

2. **陽光**：開運竹可耐蔭，明亮的環境或是半蔭環境皆可生長良好。

3. **土水**：開運竹插水即可生長，每星期換1次清水，每次保留1/2杯水，只添入一半新水；以土栽培要保持土壤濕度，避免土壤乾燥。

4. **施肥**：自立自強型的開運竹不需依賴肥料，也能一年四季長青綠油油喔！

5. **特殊呵護**：

    透透氣：開運竹在室內觀賞，避開了酷暑和寒冷天候，不過要注意最好利用每週假期移到戶外透透氣，可使植株長得更健康。

    新葉太多宜修剪：如果開運竹冒出太多葉片，宜適度修剪，每小枝保持3～4片即可，其餘修剪掉以免耗損植株生長所需的營養。

開運竹生Baby

取一段約10公分長或含有3～4個莖節的枝段，把最低的節位插到水中，去除一些葉片保留枝頭端部少許葉片，待數星期節位會長出鬚根，枝端會發新葉。

可愛植物 才藝秀

1. **超好照顧又吉祥**：利用開運竹短枝堆疊成寶塔狀，或是幾枝成束裝飾上吉祥紅緞帶和金色鈴鐺，就是市面上買氣極佳的開運植物。

2. **彎曲生長很別致**：原本是筆直的龍血樹莖枝，園藝專家運用技巧誘使開運竹生長為螺旋彎曲狀，在造型上更添趣味感，不同的彎曲度和彎曲數都會讓人有不同的聯想。

花園遊戲

來玩開運竹疊疊樂：

開運竹的每個莖節處都充滿生機，保持濕潤即可生根發新葉，利用此特性把開運竹切成一段段（每段要長於10公分），多枝成捆綁紮，堆疊成多層狀，或是利用高低枝交錯成起伏造型，也可用彎曲狀的枝條創造有趣的視覺效果。注意多層的開運竹塔除了底下要有水盤，還要經常由上往下淋水，或搭配水流造景來設計，才能讓上層的枝段受到水分滋潤。

足以和開運竹比美的超人氣吉祥植物有哪些？

人氣旺旺的其他吉祥植物還有「觀賞鳳梨（旺來）」、「發財樹（翡翠木）」、「馬拉巴栗」、「美鐵芋（金錢樹）」、「銅錢草」等，年節喜慶、居家佈置或朋友開店送禮都很適合喔！

怕癢又害羞的有趣植物

含羞草

以葉片有趣著名的含羞草，植株高度最高可達1公尺，莖枝呈現匍匐狀，野生生長在山坡、叢林、潮濕的海邊或溪邊環境，因為葉片受到觸碰就會閉合有趣可愛，被引進作為園藝栽培植物，以盆栽栽培觀賞通常較為低矮，約在30公分左右。

含羞草

學名	Mimosa pudica L.
英名	Mimosa
綽號	見笑花（台語發音）、感應草、怕癢花。
族譜	豆科含羞草科多年生草本植物
家鄉	熱帶美洲、巴西等地
最可愛的時候	葉片在夏季生長最旺盛，花期在春夏季

◆ 連貓咪都不去抓老鼠，也跑來玩含羞草啦？

◆ 輕輕碰一下含羞草的葉子，她就羞答答的閉起來了。

請你這樣照顧我

1. **陽光**：含羞草對光線適應力強，全日照、半日照或是半陰環境皆可栽培，以陽光明亮充足環境生長最佳。
2. **土質**：肥沃疏鬆、排水良好的砂質壤土來栽培最適合栽培含羞草。
3. **水分**：含羞草喜歡潮濕的土壤，不過耐旱性也不錯，原則上等盆土表面略呈乾燥才澆水，約每天澆水1次，冬季可2～3天再澆水。
4. **施肥**：含羞草不用特別施肥，如果希望生長更旺盛，每2個月施用1次有機肥或長效性肥料即可。
5. **特殊呵護**：

   注意保持溫暖、通風：含羞草喜歡溫暖氣候，夏季生長最旺盛，但要注意通風，避免悶熱。

   冬天防寒：含羞草怕冷，冬天的時候氣溫較低，記得把含羞草移到較溫暖不受風吹的位置栽培，以順利度過冬天。

含羞草生Baby

含羞草多以播種來繁殖，花朵授粉後凋謝，會結生莢果，約3～5節，天氣乾燥或是成熟時莢殼會開裂，每節都含有一顆扁圓型的種子，表面長滿了茸毛，模樣特殊，也是具有觀賞價值的部分。

可愛植物 才藝秀

1. 怕癢又害羞的「觸發運動」：
含羞草的葉片為對生的羽狀複葉，小葉呈長橢圓型，約10～20對組成一片羽狀葉，葉片遇到外力觸碰葉片兩邊就會自動閉合，主要在葉柄的基部有一個「葉枕」的構造，葉枕具有敏銳的感受細胞，當葉片被輕輕觸碰時，葉枕裡膨壓改變，就會釋出水分，使葉片下垂呈害羞狀，這種閉合作用也稱為「觸發運動」。

2. 花朵像是小粉撲：
含羞草花朵也很值得觀賞，花期多在春夏季，為聚生狀的頭狀花序，粉紅色如一顆顆蓬鬆的圓球，也像是女生用的可愛小粉撲呢！

3. 看不出來也是中藥：
含羞草全株不僅具有觀賞價值，品種有紅骨和白骨之分，紅骨品種也是中醫用來治病的一種配方藥材。

花園遊戲

計時實驗遊戲：
準備一個有秒針的手錶，碰一下含羞草的葉子，計時開始，看看含羞草的葉子多久會完全閉合？
等等看，那片被妳觸碰而羞閉的葉子，經過多久時間才又張開來？

尋寶Q&A
葉片會閉合的植物還有哪些？
葉片會開啟閉合的特殊植物，還有和含羞草同科的「合歡」，在夜晚會閉合起來，像睡覺一樣，還有食蟲植物如「捕蠅草」，受到觸動就會閉合起來，掉落的昆蟲就被捉住了。

閃耀輝煌的小貴族
孔雀菊

孔雀菊植株低矮，約在20公分左右，花色多呈鮮黃、金黃、橙黃等變化，且容易種植，生長性強健，還有驅蟲作用呢！品種有重瓣和單瓣，主幹和葉片皆呈墨綠色，葉片為羽狀裂葉，葉脈深刻明顯，宜栽培在花壇、盆栽。

孔雀菊	
學名	Tagetes patula L.
英名	French Marigold
綽號	細葉萬壽菊、西番草、紅黃花
族譜	菊科一年生草本植物
家鄉	墨西哥
最美麗的時候	春～秋季皆可陸續開花

◆我和陽光一般的閃耀璀璨，每天早起看到我就會充滿朝氣喔！

◆ 孔雀菊的花朵由紅、橙、黃混色構成，看來金碧輝煌，家裡種上幾株，更添富貴氣勢。

◆ 我的葉片形狀很酷吧！像不像古代的刀戟啊！

請你這樣照顧我

土壤栽培法

1. **陽光**：有明亮陽光的栽培環境開花較良好，稍有遮蔭也可生長，若長期光線不足則會影響生長和開花。
2. **土質**：一般栽培土即可，排水性需良好，栽培前可混入有機肥增加養分。
3. **水分**：春秋冬每2天澆水1次即可，炎熱的夏天每日澆水1次。
4. **施肥**：不用施肥也可生長良好，如果希望生長更旺盛，可每2週施用1次速效肥或液肥，開始結花苞的花期間施用促進開花的磷肥。
5. **特殊呵護**：在還未結生花苞之前，可進行摘心，促使側枝生長，也提昇開花量。

孔雀菊生Baby

孔雀菊以播種繁殖為主，在秋季或春季涼爽季節播種最適宜，發芽後每株間距25公分左右為宜。

可愛植物 才藝秀

1.特殊氣味驅線蟲

孔雀菊具有特殊的驅蟲好功夫，莖、葉如果受傷或遭到修剪，會發出一種特殊的氣味，根部也有特別的分泌物質，據研究可以驅除一些小蟲和土壤裡的線蟲。

2.好種易栽少蟲害

孔雀菊可說是體質優良的強健草花植物，只要有明亮的環境，不嚴重缺水，通常都可生長良好，不太容易有蟲害，對短暫的風吹雨打也多能挺得住。

3.四季常客搶鋒頭

在氣候溫暖的台灣，幾乎四季都可以看見孔雀菊開花，春～秋季都屬旺盛的花期，只有在冬天較冷的時節生長趨緩不開花。

花園遊戲

聞聞看：
修剪孔雀菊的枝葉時，聞聞看切口處，是否可以嗅出那股讓蟲蟲落慌而逃的特殊氣味呢？

尋寶Q&A：
有沒有和孔雀菊長得相似，而且也有驅蟲本領的花卉呢？
萬壽菊的花型和孔雀菊相似，都是菊科一年生草本植物，其葉片具有腺體，都會釋出特殊的氣味，因為具有這種特殊的氣味，萬壽菊也被稱為「臭菊」，惟花色上沒有孔雀菊來得金碧輝煌的特殊色彩。

永遠面向太陽的光明使者
向日葵

向日葵名符其實是種永遠面向燦爛陽光的花朵，莖枝粗壯，每枝莖頂上開著一朵大花，朵朵迎向陽光。分大花、小花品種，花心花蕊有呈黃色或茶褐色，花瓣有單瓣花、重瓣花大輪、小輪多重品種。

向日葵	
學名	Helianthus annuus
英名	Sunflower
綽號	太陽花、葵花、日頭花
族譜	菊科一年生草本植物
家鄉	北美洲、祕魯
最可愛的時候	春~夏季為主要花期

◆明亮的陽光是向日葵的活力來源，露天花園或明亮的窗邊都很適合栽培向日葵。

◆ 把向日葵粗長的莖枝剪短來插花，顯得特別俏皮可愛。

1. **陽光**：非常喜歡陽光，一定要栽培在光線明亮充足的地方，南向、西向陽台都是好選擇，儘量選擇家中能夠受到陽光直接照射、照射時間很長的位置。

2. **土質**：用市售栽培土即可。

3. **水分**：每日澆水1～2次，盆土表面變乾燥就該澆水，尤其夏天水分容易散失，可早晚澆水。

4. **施肥**：每星期施用一次速效肥，可增進植株健康活力。

5. **特殊呵護**：

   秋冬需淘汰：向日葵喜歡溫暖的氣候，20～35℃都能生長良好，春夏季是最旺盛的季節，至秋冬花期過去，生長也逐漸變差，就該淘汰了。

   保護碩大的花朵：大花品種由於花部重量大，可用鐵絲纏繞花莖加強支撐花朵的力量。

   切花的照顧：在花期購買切花來插水欣賞時，同樣要儘量放在窗邊位置，或是燈光明亮的地方。

向日葵生Baby

向日葵多用播種法來繁殖，可利用3、4月春季涼爽溫暖的時節，將種子放在溫暖通風的地方等待發芽，發芽前不用刻意照射陽光，等約10天左右就會發芽，發芽後要移到陽光明亮充足的戶外栽培，夏天就有燦爛的花朵綻放。通常3、4月播種，發芽成長至6、7月就會開花，花謝後可以摘下曬乾，就可以再取得新種子了。

花園遊戲

機智問答：
哪一位有名的畫家以向日葵花的繪畫而舉世聞名？
答案：梵谷
向日葵的哪一個部分可以食用，而且美味又健康？
答案：向日葵的「種子」去殼後可以食用，俗稱「葵瓜子」；種子亦可壓榨製出「葵花油」。

◆ 璀璨金黃的花瓣圍繞著豐盛繁盈的種子房，好吃的葵瓜子，也是向日葵家族裡的產物。

可愛植物 才藝秀

1. 長得金黃燦爛如太陽
向日葵又名「太陽花」，主要是因為圓盤狀的碩大花朵，金黃色的花瓣放射狀圍繞中心花蕊生長，像是太陽放射出耀眼的光芒。

2. 朝著太陽綻放花朵
向日葵喜歡溫暖和光明的氣候環境，開花時總是朝向太陽的方向，花朵會隨著太陽方位變化而跟著移轉，是一種有趣特殊的生長運動現象。

尋寶Q&A：
向日葵有其他的親戚嗎？
同屬菊科的「墨西哥向日葵」，花朵比向日葵小很多，花心部分比例上也沒有那麼大，算是迷你品種，它的花梗很長，夏季花瓣顏色鮮紅，也在夏季開花，可以比較看看。

墨西哥式的熱情大花

大理花

原產於墨西哥，為多
年生花卉，育種改良
後品種已多達三萬
種，無論是植株的型
態、花型、花色都變
化豐富。依照植株高
矮可分高性品種、矮
性種等。

大理花	
學名	Dahlia hybrida Hort.
英名	Dahlia
綽號	大麗菊、天竺牡丹、洋芍藥、洋牡丹
族譜	菊科多年生球根花卉
家鄉	墨西哥
最美麗的時候	秋～翌年春季為主要花期

◆穿著小主人的小手套好溫
暖，就不怕春寒抖峭！

◆ 我的花瓣很豐盛且很特別喔！好像是從中間花心處一片片爆出來的。

◆ 好害羞喔！不過我肥圓的地下根塊很可愛吧！

請你這樣照顧我

1. **陽光**：大理花需要陽光充足明亮的環境，露天花園、南向陽台、窗台最適合栽培。
2. **土質**：排水良好的砂質土最佳，可混入蛭石、珍珠石等介質增加排水性。
3. **水分**：春、夏、秋季需要每天澆水，冬季一星期澆水2～3次即可。
4. **施肥**：大理花很需要肥料，每2星期施用一次有機肥，結生花苞和花期間以施用磷、鉀肥為主，促進花苞結生量。
5. **特殊呵護**：

    避免悶熱：大理花非常怕悶熱，栽培環境必須保持通風涼爽。

    夏季需修剪：在炎熱的夏季需要把開過花的枝條和長得較長的枝條剪短，以減少水分蒸散，同時促進側枝生長。

    高性品種需立支柱：高性品種的大理花長至40公分以上，就要設立支柱扶撐。

大理花生Baby

大理花的繁殖方式可採用塊根種植或是播種。春季球根萌芽後，可進行塊根種植；採收種子則是開花約3週後會自行乾掉，即可採收種子，於秋季播種，種子上要覆蓋一層薄土，約1週發芽。

可愛植物　才藝秀

1.艷麗花朵愛搶鋒頭
大理花的花色鮮豔，主要花色有白、紅、桃紅、橙、黃、雙色、斑點等，而且花瓣量豐盛，花型圓潤。因為花朵大、花瓣繁多，近似菊花型，又如牡丹和芍藥花般富貴華麗，所以也稱「大麗菊」、「天竺牡丹」、「洋牡丹」、「洋芍藥」。

2.花型豐富不勝枚舉
大理花的花朵形狀可分單瓣型、牡丹型、星型、麗飾型、菊花型等，花型的大小也變化多端。

3.圓胖胖的地下根莖
大理花地下根呈膨圓可愛的球根狀，可以蓄積水分和養分，在換土換盆時要保留根部附近抓覆的土球一起移植，才能保護根部不受傷。

花園遊戲

猜猜看，大理花是哪一國的國花？
答案是：墨西哥
猜猜看，大理花是哪一位皇后最愛的花卉？
拿破崙的皇后約瑟芬。

尋寶Q&A：
其他可愛菊科植物
顏色鮮豔令人喜愛的中大型菊科植物很多，如百日草、雛菊、勳章菊、木春菊、彩虹菊、友禪菊、麥桿菊、大天人菊的花卉，都是美麗又可愛的植物。

吹喇叭的小樂隊
矮牽牛

矮牽牛本身的品種很多，花朵有白、桃紅等單色或雙色，還有條紋、鑲邊、星形雙色等。春秋花季碩大的花朵像是一把把喇叭號角。花瓣背面和葉片上都覆有細絨毛，葉片翠綠且生長密集量多。

矮牽牛

學名	Petunia hybrida Garden Petunia
英名	喇叭花、穗子花
綽號	茄科一二年生草本植物
族譜	
家鄉	南美洲

最可愛的時候
春、秋兩季花開最旺盛

◆因為和野蘺蔓爬的牽牛花花型相似，矮牽牛也很有鄉村家園的溫馨感，加上花型討喜，搭配童趣的花器顯得很一大家族歡樂融融。

花園遊戲

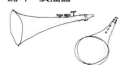

動動腦：
矮牽牛花除了像喇叭，
還像什麼？
提示：漏斗、廣播器……。

尋寶Q&A：
矮牽牛和野生牽牛花有什麼地方相同？什麼地方不同？
矮牽牛和牽牛花花型看起來很類似，不過他們其實不同科屬，矮牽牛是茄科草花，野外常見的牽牛花則是旋花科。仔細看看，葉片形狀很不同喔！不過就觀賞的趣味來看，他們都是可愛的喇叭樂手呢！

◆ 有些矮牽牛的品種，花瓣特別輕薄透明，即使顏色較深的花色在盛開期間，依然具有輕鬆休閒的氣息。

◆ 小鳥竟然在我的葉叢裡築起鳥窩啦！

請你這樣照顧我

1. **陽光**：陽光充足明亮的環境最能生長良好，東向、南向的花園、陽台或窗台都不錯。由於不耐長時間烈日直射，夏季要有遮簷略擋強光較佳。

2. **土質**：土壤可混合些珍珠石、蛭石等，增加土壤的通氣性和排水性，根部才能生長健康。

3. **水分**：矮牽牛不可缺水，土面變乾燥就該澆水，夏天早、晚各澆水1次，春秋每天1次，冬天可1～2天澆水1次。

4. **施肥**：栽培前在土壤裡加入緩效性肥料，開始結生花苞的時候則開始每2星期施用液態花肥，促進花苞和開花量。

5. **特殊呵護**：

   避免淋雨：矮牽牛的花大而薄，不可淋雨，下雨時候要避雨。

   清除殘花：凋謝花朵立即清除，否則易造成不美觀和腐爛的問題。

   適當的摘心和修剪：結生花苞之前摘除枝莖上端的頂芽，可促進側枝萌發；開過花無花苞的老枝條在花期差不多開盡，可修剪至植株約15公分左右的高度，促進新枝和新花苞集中生長。

   避暑防寒要注意：炎熱的夏季是矮牽牛的考驗，需有遮簷和通風的環境；寒冷的冬天則要注意防風。

向日葵生Baby

矮牽牛多用播種方式繁殖，秋季、初夏涼爽氣候是播種的好時期，播種後不需要在表面覆土，約7天就會發芽。

◆ 花瓣一條白、一條紅的交錯著，像不像糖果店裡熱門的七彩棒棒糖。

可愛植物 才藝秀

1.花型如喇叭

有沒有聽過一首關於牽牛花的童謠：「牽牛花，真笑話，它不牽牛牽喇叭，好像一群小樂隊，吹著喇叭在玩耍」，多麼生動的描述，彷彿也聽到牽牛花吹出笛笛答答的聲音了。

2.栽培方式變化多

矮牽牛的莖具有半懸垂、匍伏性，適合數盆集中作花箱，或是作吊盆、半壁式掛盆，多色混搭更能顯出繽紛熱鬧的氣氛。

披著天鵝絨的小貴婦

大岩桐

大岩桐原產於巴西，屬多年生球根植物，全株都呈肉質狀態，且披著一層細茸毛。開的花朵非常碩大，呈鐘杯狀，顏色鮮豔，有暗紅、艷紅、鮮紅、濃紫、紫藍、斑點、鑲邊等，也有單瓣花和重瓣花之分。

大岩桐

學名	Gloxinia spp.
英名	Gloxinia
綽號	絲絨花、新寧治花
族譜	苦苣苔科多年生球根植物
家鄉	巴西
最美麗的時候	
春、秋季陸續開花	

◆大岩桐花色多為鮮豔濃重，花型碩大搶眼，全株散發著雍容華貴的氣質。

花園遊戲

量量看：你的大岩桐花朵有多大？直徑有幾公分？花杯有幾公分深？

摸摸看：
輕輕的觸摸一下花和葉，和真正的絨布布料質感像不像，有什麼差異？

尋寶Q&A：

具有貴婦氣質的花卉，除了大岩桐，還有什麼值得推薦？
大岩桐的親戚品種—「迷你岩桐」，高度約在10～15公分，葉片長橢圓形，花冠呈筒狀，比大岩桐品種來得細長，花朵只有2公分左右，全株也佈滿了細茸毛。
另外「木槿」、「牡丹」、「芍藥」、「山芙蓉」、「麗格秋海棠」、「嘉德利亞蘭」等，這些花卉也都是具有高貴氣質的極品花卉。

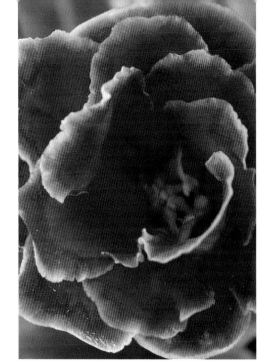

◆ 大岩桐葉片質地厚實，花莖上佈滿細茸毛。

請你這樣照顧我

1. **環境**：大岩桐喜歡涼爽、有遮蔭、通風的環境，很適合放在有遮簷的陽台或室內盆栽栽培，也是少數適合放在北向陽台、窗台的花卉植物。半日照有遮簷的環境最佳。

2. **土質**：大岩桐為球根花卉，健康的根部可說是全株健康的基礎。土壤以排水良好、肥沃的砂質壤土為佳，可在栽培土裡加入一些蛭石、珍珠石等材料增加土壤的疏鬆度以利排水。

3. **水分**：澆水時不可淋在花朵或是葉片上，正確的方式是要翻開葉片直接澆在土壤上，土壤不可積水。每天澆1次即可，見土壤表面略呈乾燥再澆水最好。

4. **施肥**：每2週補充1次液肥，花期後即可不用施肥。

5. **特殊呵護**：

   通風與遮陰：注意通風需良好，否則很容易爛掉。室內觀賞每日夜晚可移到戶外透透氣，如果假日白天移出要選擇有遮簷的蔭庇處才行。

   擋風遮雨：無風無雨溫室最好，不能淋雨、吹風、烈日曝曬，可說是溫室的花朵。

   避暑防寒不能免：炎熱的夏天或是寒冷的冬天都必須有妥善的避暑防寒措施，在室內通風的地方栽培溫度較穩定。

   殘花修剪：凋萎花朵連梗除，才能維持盆栽的美觀，且避免殘留腐爛。

   休眠照顧：冬天休眠停止澆灌，放置在通風乾燥處，讓地下球根在土壤裡過冬即可。等春天來臨，取出球根，重新更換新盆土再栽植即可發新芽。

大岩桐生Baby

大岩桐繁殖方式可用播種、葉片泡水發根、分球種植等方式來進行，春季最適合作繁殖工作，由於技術性和失敗率較高，一般居家觀賞建議購買種球來繁殖，或是專業培育好已有花苞的現成盆栽較方便。

◆ 大岩桐花朵瓣量豐盛，質感如絨布般的華麗，在花卉中可是屬一屬二的貴夫人喔！

◆ 大岩桐花色多為鮮豔濃重，花型碩大搶眼，鑲白邊的花瓣更顯出層次感。

可愛植物 才藝秀

1.花大葉厚好份量
大岩桐的花型碩大，花苞圓鼓飽滿，莖枝粗且水分多，葉片質地厚實，全株充滿端莊穩重的份量感。

2.難得的美艷室內花
大岩桐的耐蔭性絕佳，在花卉植物中是難得的陰蔽植物，很適合室內觀賞，只需要窗邊或燈具的漫射光即可生長。

南美洲來的芳香小天使

觀花天竺葵

以花朵美麗取勝的天竺葵通稱為「觀花天竺葵」，綻放時呈花球狀，群植時很有花海效果，花色有粉紅、桃紅、橙紅等，有單瓣、重瓣，亦有迷你型、匍伏性等品種，適合作盆栽或吊盆栽培。

觀花天竺葵

學名	Pelargonium hortorum
英名	Geranium
綽號	洋葵
族譜	牻牛兒苗科多年生草本植物或灌木
家鄉	南美洲、南非
最可愛的時候	
秋～翌年春季為主要花期	

◆小主人的桃紅小短褲，
和我的花色也很搭耶！

◆ 天竺葵葉型圓圓的，很像滾著波浪花邊的可愛小團扇。

◆ 桃紅色的天竺葵的花朵鮮麗，花瓣圓又大，裡頭探出的小爪子是她的花蕊。

請你這樣照顧我

1. **陽光**：喜好有充足日光的環境，東向和南向花園窗台較適合栽培。
2. **土質**：市售培養土或是疏鬆富含有機質的砂質壤土最佳。
3. **水分**：天竺葵的葉片大且繁盛，水分的蒸散也快，夏季每天需澆水1次，春秋冬季可1～2天澆水一次即可。
4. **施肥**：在培養土裡混合基肥，進入花期時約每星期施用液態花肥，可促進開花量和品質。
5. **特殊呵護**：
   避免夏季悶熱：天竺葵喜歡涼爽的氣候，秋～翌年春天涼爽季節生長得最旺盛，在夏季通常生長不佳，要注意通風良好，避免悶熱曝曬。
   適時修剪保清新：要保持天竺葵美觀和健康，重點就在於有枯花、黃葉要立即修剪掉。當整個花球差不多都凋萎時，就要連花莖一起剪除。

觀花天竺葵生Baby

播種或是扦插都可繁殖，扦插以春秋兩季為宜，採具有3、4節莖枝作為插穗，斜插在栽培土裡，澆水保持土壤濕潤，給予明亮光線的環境，也可以插在水杯裡促使葉片發根。

可愛植物 才藝秀

1.花俏葉美都有看頭
天竺葵家族龐大，有常綠多年生草本，也有灌木、多肉等品種。天竺葵最美麗的部分有些在花，有些在葉片，花卉特別漂亮的通稱「觀花天竺葵」，葉色較有特色的歸為「觀葉天竺葵」。也有花和葉片都具有觀賞價值的品種。

2.提煉香精素材
天竺葵園藝雜交改良品種繁多，在歐洲是非常受歡迎的植物，常栽培在花園和窗台。有些品種花和葉具有特殊的香氣，被視為香草植物，可以用來提煉香精，也是民俗療法中的藥用植物。

花園遊戲

搓搓、聞聞、猜品種：你栽培了幾種天竺葵？拿葉子和花瓣搓一搓，聞聞看是什麼味道？就味道特徵猜猜看是什麼品種？

尋寶Q&A：
花園裡還可以栽種哪些芳香花卉？
樹蘭、茉莉花、含笑花、桂花、梔子花等，有許多香草植物也含有芳香精油，如薄荷、香蜂草、迷迭香、薰衣草等，栽培在庭園裡，可以享受滿室生香的優雅生活。

高舉歡樂酒杯

鬱金香

鬱金香花屬於球根植物，從地下鱗莖抽長出又寬又長的葉片，葉叢中長出花莖，每枝花莖上頂著一朵艷麗的花杯。全株翠綠的莖葉挺拔厚實，一朵花約開7～10天，選購時盡量買花苞初開的植株，有較長的觀賞期。

鬱金香	
學名	Tulipa gesnerana L.
英名	Tulip
綽號	酒杯花、草麝香、郁香、紫迹香、洋荷花
族譜	百合科多年生球根花卉
家鄉	歐洲南部、土耳其、小亞細亞等地區
最可愛的時候	冬～春季為主要花期

◆ 幾株亭亭玉立的鬱金香一齊栽種，彷如幾個好友一起舉杯歡慶。

花園遊戲

猜猜看：有「鬱金香國度」之稱的是哪一個國家？
答案：荷蘭

量量看：量一量你的鬱金香花杯直徑有多大？

真假比美：你的家裡有高腳酒杯（如紅酒杯）嗎？和鬱金香花杯比一比，哪一個比較大，哪一種比較美。

尋寶Q&A：

還有哪些漂亮的球根花卉可以欣賞？

百合科、石蒜科可說是球根植物的大家族，百合科除了鬱金香，還有風信子；石蒜科如文珠蘭、孤挺花、中國水仙、韭蘭、蔥蘭等，都是很值得欣賞的球根花卉。

◆鬱金香植株的葉片生長方式呈螺旋狀層疊包覆的旋出。

◆鬱金香盛開的時候，可以看見花杯裡有金黃色和褐色的色塊。

1. **陽光**：鬱金香成長期間需要明亮的光線，陽光強烈時仍需遮陽處理。
2. **土質**：栽培鬱金香需要疏鬆富含有機質且排水良好的砂質壤土最佳，可在栽培土中混入泥炭苔、蛭石或珍珠石，提昇土壤的排水性。
3. **水分**：栽培期間未開花之前，每1～2天澆水1次，結生花苞後，減少供水，約2～3天澆水1次即可，可延長開花期間。
4. **施肥**：健康的球根足以供應所有成長所需，在埋入球根時土壤裡加入長效性的基肥即可，成長過程不用再施肥了。
5. **特殊呵護**：

    怕熱嬌娃：鬱金香適合生長在冷涼的氣候，台灣夏季氣候炎熱，很難越夏，通常在花期過後，就會淘汰，等秋冬天快到再買新球根來種植。

    水栽時的重點：鬱金香也可用水來栽培，但加水時不可淹沒整個球根，否則根部會腐爛。

鬱金香生Baby

鬱金香多以球根繁殖，在台灣購買的球根多為進口品，選擇球根形狀較勻稱，根球外皮完整，色澤光亮光滑為佳。購買球根時還要注意詢問老闆販售的球根，是否經過低溫冷藏處理（約5℃冷藏40天），才能促進發芽開花，也可詢問老闆栽培照顧方式。建議購買已經發芽的花球，或是出現花苞的盆栽，還是最方便的觀賞方式。

可愛植物 才藝秀

1.地下為鱗莖

鬱金香地下球球根為「鱗莖」狀，直徑約3～4公分，呈不是非常端正對稱的圓錐形，葉片都是由這個鱗莖所抽長出來的。

2.顏色、品種、用途多

鬱金香的品種繁多，有單瓣、重瓣之分；有花莖上開單花或一莖多花的品種；花型有酒杯狀、荷花狀、牡丹花狀；花色有白、粉紅、紅、紫等色系，也有雙色鑲邊、鑲嵌、斑紋等品種，栽培方式可盆栽、花壇栽培，也可購買切花材插水觀賞。

「熱氣球」砰一聲變成「五角花」

桔梗

桔梗為多年生草本花卉，原產於中國、日本、琉球等地，引進台灣後因花型別緻、花色柔媚，深受女性朋友的喜愛。花色有白色、粉紅、紫紅、紫色系，花型上則有單瓣、重瓣不同品種，除了園藝栽培觀賞，也具有食用和藥用的功能。

桔梗

學名	Platycodon grandiflorum Balloon-Flower
英名	白藥，五角花
綽號	
族譜	桔梗科多年生草本植物
家鄉	南美洲、南非
最可愛的時候	春季～秋季陸續開花可欣賞。

◆桔梗花如一個個小鐘杯，花型特殊可愛，購買時要挑選花苞量豐盛的盆栽，欣賞這群小可愛四處張望的模樣。

花園遊戲

來吃點香酥的花葉點心吧！選用無化學肥料栽培的吃得最安心喔！
酥炸香草桔梗花：
材料：桔梗花5朵、紫蘇葉3片、酥炸粉適量、蛋1顆、胡椒粉適量。
自己油炸來品嘗。

尋寶Q&A：
多一個「洋」字的桔梗花─洋桔梗
「洋桔梗（學名Eustoma grandiflorum）」和「桔梗」相差一字，花型卻有很大的差別，而且不同科，為龍膽科，洋桔梗多作為插花材，也稱「土耳其桔梗」、「德州鈴蘭」，花色多，也有鑲邊品種，重瓣花幾近玫瑰豐盛的花瓣量，極具欣賞價值。

◆ 桔梗花有五片花瓣，花瓣上有明顯多道細緻線紋，細緻耐看。

◆ 桔梗的花苞未開啟前，形狀像是一個氣球囊，也有點像是天燈的形狀。

請你這樣照顧我

1. **陽光**：桔梗需要陽光明亮但柔和的環境，花園有遮棚處，或是有遮簷的陽台、窗台最適合栽培。

2. **土質**：排水良好的砂質壤土，或肥沃的腐植土較適合栽培桔梗。

3. **水分**：每1～2日澆水1次，花期間不可任土壤過於乾燥。

4. **施肥**：栽培時在土壤混入有機肥，然後每2週施用速效肥來補充養分，冬季可不施肥。

5. **特殊呵護**：

   開花期間汰弱扶強：桔梗結花苞或開花期間，若見葉片過於茂密，可適度修剪掉一些，使養分能集中供花，如果花苞量很多，可以摘除一些較小的，使健康的大花苞順利開花持久。

桔梗生Baby

桔梗多以播種或分株法來繁殖，播種適合在春天，約2週發芽，分株則適合在秋天進行。幼苗長出6、7枚葉片後，可作第一次的摘心，把頂芽摘除，促進側芽分枝生長。

可愛植物 才藝秀

1.五角形的花

桔梗花的花萼有5枚，尖端為尖捲狀，整朵看來像是一盞小星星，未開啟前花苞狀似一粒粒鼓脹的小氣囊，也像是迷你熱氣球，模樣十分可愛。

2.矮作盆栽，高可插花

桔梗花有矮性和高性品種，低矮的品種適合作盆栽，長得較高的植株品種適合作切花材，可插水觀賞。

3.可食用&藥用

桔梗花全株可食用，花朵洗淨後，可予以涼拌、清炒或油炸，嫩葉富含纖維質，可當成家常蔬菜來料理。其根部肥厚，為中藥材料主要運用部位，多用來治咳嗽、化痰祛瘀、催吐、治感冒、喉嚨痛、支氣管炎等症狀。

天使的巧手繡花片
五彩石竹

五彩石竹花色五彩繽紛，園藝改良雜交品種繁多，一朵花常有雙色、鑲邊、放射星條狀等不同花樣，整朵花看起來十分細緻，盛開時花型扁平如一圓片，每朵5片花瓣，多為單瓣品種，也有少數為重瓣。幾株同植在草地綠茵上顯得特別搶眼。

五彩石竹	
學名	Dianthus chinensis L Rainbow pink.
英名	
綽號	中國石竹、剪絨花（台語名稱）、繡花石竹、彩虹花。
族譜	石竹科多年生草本植物
家鄉	中國、日本、韓國等亞洲地區
最美麗的時候	依播種時間不同全年陸續開花，冬、春～初夏尤盛。

◆五彩石竹顏色繁多，多為雙色混雜，花瓣有密集細緻的紋理，如刺繡般細膩，深具女性柔媚特質。

◆ 白底紫色花紋的五彩石竹顯得清雅細緻。

◆ 五彩石竹扁平的花面，大大方方的仰頭望天，花瓣邊緣有明顯的鋸齒狀，更添細緻質感。

請你這樣照顧我

1. **陽光**：五彩石竹很喜歡曬太陽，需要明亮充足的陽光，南向、東南向全天可受日照的環境為佳，至少也要有半天日照的環境。夏季陽光太強的時候需要稍加遮陰。

2. **土質**：栽培土需通氣性佳、略帶黏質的土壤最適合，一般市售栽培土混合蛭石或珍珠石亦可。

3. **水分**：春、夏季每天澆水1次，秋冬2～3天澆水1次，水分供給頻率要穩定，不可太濕造成積水。澆水時要掀開葉片淋在土上。

4. **施肥**：栽種之前在土壤裡先混合一些有機肥，栽培後，定期施用液肥可幫助健康開花。

5. **特殊呵護**：
   五彩石竹耐寒性佳，但是不耐酷暑，夏季陽光強烈最好加遮陽設施作緩和。五彩石竹花瓣薄弱，雨天要移到可避雨處以防遭雨水打傷。

五彩石竹生Baby

五彩石竹以播種方法來繁殖。春、秋季涼爽氣候最適合播種，約5□7天發芽，等長出4枚本葉之後，可以挑選較健康的幼苗移植到定點栽培，多棵同植時，每株間隔約25公分。

可愛植物 才藝秀

1.神話傳說中的熱門花

石竹的屬名Dianthus，在希臘具有「神」與「花」的意涵，象徵破除魔咒、神聖美好的花朵，具有「喜悅」、「榮耀」的美好意義，其為愛神丘彼特之花，歐洲 常在婚禮佈置上出現。

2.提煉香精兼藥材

五彩石竹不僅可以美化庭園，根據研究在淨化空氣的效果上也表現優異，而且也是提煉香精的素材，在古代草藥醫學裡更是入藥治病的藥材，中藥名稱為「瞿麥」。

花園遊戲

寵物紀錄：仔細看看你的五彩石竹，有哪些美麗的顏色？每一朵花裡由幾種顏色交織而成？

愛的素描：拿張紙來畫畫，看看用畫筆是不是也能畫出這刺繡般精緻美麗的圖案呢？

尋寶Q&A：
猜猜五彩石竹的親戚是誰？
答案：康乃馨。
五彩石竹和康乃馨都是石竹科花卉，兩種花卉的差別主要在於五彩石竹植株較低矮，分枝量多，花多為單瓣，適合花壇、花箱、盆栽的方式栽培；康乃馨有大花和小花不同品種，花瓣多為重瓣花，而且花莖較長，很適合當插花材。

薰衣草
浪漫的紫藍色花炬

薰衣草的紫藍色花
旋風，不僅芬芳了
居家生活，也讓香
草植物成為熱門時
尚，經過台灣專家
的努力試種，在較
涼爽的時節，苗栗
卓蘭、雲林土庫一
帶春季至夏初可欣
賞到紫色花浪層疊
起伏的美景。

薰衣草

學名	Lavandula angustifolia
英名	Lavender
綽號	紫色夢幻、紫花炬、芳香
	藥草之后
族譜	唇形科常綠灌木
家鄉	地中海沿岸
最可愛的時候	
主要花期在春季～夏初	

◆ 薰衣草花莖纖細挺
拔，像一盞盞高舉的芳
香火炬。有觀賞品種，
也有可以食用、泡茶、
提煉精油的品種。

◆薰衣草的葉叢像是密集的綠色珊瑚礁。

◆世間少有的紫藍色花卉，朵朵小花圍繞向外綻放，嬌巧可愛。

請你這樣照顧我

1. **陽光**：薰衣草喜歡明亮但柔和的光線，有遮簷的花園或南向陽台是不錯的位置。夏季炎熱時尤其需加上適當遮蔭處理，避免烈日直射。

2. **土質**：以肥沃且排水良好的壤土為佳。

3. **水分**：薰衣草不耐潮濕，每日澆水1次後，要注意盆土或地面上不可積水。

4. **施肥**：不需特別施肥，如果希望生長更旺盛，每個月可使用長效性肥料。

5. **特殊呵護**：

   不耐高溫多濕：薰衣草要栽培在通風良好的環境，在高溫悶熱和潮濕多雨的天候尤其要注意移到適當的位置，或是加強通風、擋雨等設施。

   夏季的維護：炎熱的夏季是薰衣草的難關，稍微修剪枝葉，注意環境遮蔭、光線柔和、通風，是維護的重點。

薰衣草生Baby

薰衣草適合用播種法來繁殖，每年春季或秋季可進行播種，約15天發芽。澆水時盡量不要澆到幼芽以免腐爛滋生病蟲害。

花園遊戲

食用品嘗：薰衣草除了栽培觀賞，還有很多種品味的方式。食用上來說，可以泡茶、入菜料理，以「甜蜜薰衣草」是初接觸薰衣草者的首選，其次可嘗試齒葉和狹葉品種。「羽葉薰衣草」僅適合用來觀賞。

生活運用：薰衣草還可以用來製作手工香皂、押花裝飾、製作香包掛在櫥櫃中驅蟲，或是放在枕邊安神助眠等，可說用途多多的香藥草植物。

可愛植物　才藝秀

1.夢幻紫藍，火炬花型

薰衣草花型特殊，挺拔的花莖上頂著一把把如火炬般的穗狀花序，群植效果尤其引人注目，細看花序其實由許多小紫花構成，一朵朵陸續綻放，非常可愛。就花色來說，除了最具代表性的紫色，另外還有紫紅、粉紅和白色等品種。

2.葉片纖細，輕盈搖曳

薰衣草的葉型質感纖細，多為羽狀葉、齒狀葉、細長葉、長寬型葉等品種，全株清新纖麗，隨風搖曳的姿態帶給人輕鬆悠然的氣氛。

2.可提煉莖油和藥用

採收部位為葉、莖、花，全株均可食用和提煉精油，開花多集中在春季，一年中可陸續採收運用。

尋寶Q&A：

長得很像薰衣草花的植物—鼠尾草的花

同樣是浪漫的藍紫色，也是古希臘羅馬流傳至今的多用途香藥草，而且都屬於唇形科，「鼠尾草」的花和薰衣草的花有幾分相似，這兩種植物都是植物界美麗的高手，在花姿和用途上可多作比較。

氣質
小美女

大波斯菊

大波斯菊花瓣輕薄，莖葉纖細，看起來楚楚動人，其實生命力非常旺盛，原野常見大片野生花群欣欣向榮。大波斯菊喜歡涼爽的季節，秋冬至初春開花最旺盛，花色多爲白色、淺粉紅、桃紅、紫色爲主，也有鑲邊、條紋等雙色品種。

大波斯菊

學名	Cosmos bipinnatus Common Cosmos
英名	秋櫻、木春花
綽號	菊科一年生草本植物
族譜	墨西哥
家鄉	
最美麗的時候	
秋季～春末爲主要花期	

◆悠然的時光中，有波斯菊浪漫相伴，特別的愜意芬芳。

花園遊戲

浪漫的情書附件：大波斯菊在早期歐洲是一種象徵高潔、真誠、堅忍的花卉，花語是「純情的愛」，據說許多少女在寫情書的時候，會附上一朵波斯菊花來代表情意，不妨如法泡製，爲你的信籤增添一些詩意和花香。

尋寶Q&A：
大波斯菊的近親「黃」小姐
大波斯菊有一花型相似的近親品種，稱爲「黃波斯菊」，花朵呈金黃、橘橙色，比起大波斯菊較耐夏季高溫氣候，而且可四季栽培種植。在涼爽的秋、冬、春季可以欣賞大波斯菊，夏天則可以欣賞黃波斯菊。

◆ 薄透粉嫩的花朵，纖細的莖枝細葉，大家都稱我為花園裡的「清秀家人」呢！

請你這樣照顧我

1. **陽光**：大波斯菊喜歡陽光充足的環境，全日照環境如東、南向花園陽台最適合栽培，夏季需有適當的遮陽設施，避免烈日直射。

2. **土質**：一般栽培土即可，排水性需良好。

3. **水分**：水分供應要注意，夏秋季一日澆水2次，春冬季則1天澆水1次，潮濕的季節可以每1～2天澆水1次。

4. **施肥**：野生波斯菊不需肥料也能生長良好，盆栽觀賞因土量少、養分容易欠缺，每2週施用觀花植物專用速效肥可幫助生長。

5. **特殊呵護**：

   矮化增枝：植株成長過程中，適度的摘心修剪，可促進分枝生長和增多花苞數量。

   設立支柱：波斯菊枝條纖細，如果植株長至30公分以上時，宜設立支柱和圍繩來保護。風大時容易遭到摧折，要有防風措施。

   保持通風：夏季高溫高濕的氣候，要注意通風和遮陽設施。

大波斯菊生Baby

大波斯菊多用種子來繁殖。成熟的種子呈黑褐色細長的瘦果，依開花時間不同決定播種時間，通常涼爽的春末播種，秋季就是開花期了。

可愛植物　才藝秀

1.纖細曼妙好身材

波斯菊的花色清新粉嫩，花莖纖細，葉片也呈輕柔的二回細羽狀複葉，全株花姿優柔美麗，像是窈窕淑女，丰姿綽約。風一吹來就隨之搖曳擺蕩，像是一群翩翩起舞的芭蕾舞者，非常美麗和詩意。

2.遍植、獨秀皆春色

大波斯菊單株栽培，或是剪下幾枝插水，都很有輕鬆悠閒的氣氛；如果一次多播些種子，或是多買幾棵栽培在園圃裡，則可以欣賞到波斯菊的數大之美，可說是各有千秋，姿色俱佳。

翩翩彩蝶在我家

迷你蝴蝶蘭

蘭花中的蝴蝶蘭，
花型像展翅的蝴
蝶，花型和花色變
化都很多，在台灣
廣受歡迎，曾大量
栽培外銷，使得台
灣擁有「蘭花王
國」的榮銜。另有
有迷你蝴蝶蘭，其
植株較小，開花小
巧，很適合小空間
擺設觀賞。

迷你蝴蝶蘭

學名	Phalaenopsis hybrida Hort.
英名	Moth-Orchid
綽號	蘭科單莖氣生蘭類
族譜	唇形科常綠灌木
家鄉	台灣、熱帶亞洲地區

最可美麗的時候
依品種花期不同，全年陸續綻
放，以春季花開最盛。

◆邀請優雅的蝴蝶蘭小
美人一起來坐坐，你的
氣質會跟著更加分。

◆看我的翅膀花紋美不美呀？
知道有哪一種蝴蝶和我長得很像嗎？

請你這樣照顧我

1. **陽光**：在花園、陽台半遮蔭處皆是栽培的好位置，因其耐陰性很強，但太陰暗仍會生長不良、少花易凋。

2. **土質**：栽培不用土壤，以蛇木板、蛇木柱，或是蛇木屑混合細水苔來種植即可。

3. **水分**：春、夏、秋季每日澆水1次，冬天氣溫低，澆水量需減少，約3～4天噴水一次即可，特別寒冷的寒流那幾天可完全不澆水。

4. **施肥**：新長氣根旺盛的階段，可每2週噴灑一次稀釋的液肥，市面上也有售蘭花專用肥料。

5. **特殊呵護**：

    夏季避免強光直射：蝴蝶蘭喜歡在有遮蔭處生長，陽光無須太強，最好在屋簷、樹蔭或是棚架下栽培，陽光強烈的時候一定要有遮陽措施，以免葉片灼傷。

    怕冷要避寒：蝴蝶蘭喜歡暖和潮濕的環境，冬天要注意防寒措施，移到不受風寒的角落。

蝴蝶蘭生Baby

蝴蝶蘭育種需要專門技術，如分株法、無菌播種法，一般居家觀賞買現成盆栽最方便，依照大小和品種不同一盆約在150元至上千元不等，因花期很長，而且可以多年觀賞，所以很划算。

可愛植物 才藝秀

1. 是花似蝴蝶

蝴蝶蘭花如其名，很像一隻隻翩翩飛舞的美麗彩蝶，而且品種繁多，有許多改良品種，花色豐富，有白色、桃紅色、黃色、雙色混雜、斑點、條紋等變化多端，也有大花品種或是迷你品種。

2.「王者之香」尊貴討喜

蘭花素有「王者之香」的美名，因為花型優雅，植株樣貌特殊，具有淡雅的香氣，在花卉中獨占鰲頭，以氣質取勝。

花園遊戲

蝴蝶比大小：蝴蝶蘭有大花品種、一般花品種、迷你品種，量看看，迷你品種比大花品種小多少？比起真實的蝴蝶大小如何？

像不像三分樣：翻翻蝴蝶圖鑑，看看你家的迷你蝴蝶蘭花紋顏色比較像哪一種蝴蝶？也許從這裡你就能幫她另外取個特別的綽號了！

尋寶Q&A：

還有花型很像蝴蝶的其他蘭科植物嗎？

蘭科植物中花型和蝴蝶比較相似的可以再看看「萬代蘭」、「秋石斛」，另外像是模樣很像拖鞋的「仙履蘭（拖鞋蘭）」、像穿著裙子跳舞的「文心蘭」、備極華麗的「嘉德利亞蘭」，都是很值得欣賞的蘭花。

小美人兒的花洋傘
美女纓

原產於中南美洲，
花序呈繖狀，每個
繖狀花序有小花10
～20朵小花，開花
時彷如一把把撐開
的小傘。依品種不
同，花色有白、
黃、橙、粉紅、紅
等色系，每一朵小
花中又有不同顏色
深淺層次的變化，
花心和花瓣顏色也
不同。

美女纓

學名	Verbena hortensis Hort.
英名	Garden Verbena
綽號	美人纓、小花傘
族譜	馬鞭草科　多年生宿根草花，但多作一年生草花來栽培，一年花季過後就逐漸淘汰。
家鄉	中南美洲

最美麗的時候
秋～翌年春季為主要花期。「細裂
葉美女纓較耐高溫氣候，主要花期
在春夏季。」

◆迷你小豬隊伍正興奮
的通過美女纓花叢間。

◆ 美女櫻盛開時花團錦簇，數十朵小花集聚生長，嬌俏又繁麗。

◆ 美女櫻盛開時花團錦簇，數十朵小花集聚生長，嬌俏又繁麗。

請你這樣照顧我

1. **陽光**：栽培美女櫻宜選擇陽光充足明亮的地方，放在日照時間最長的戶外位置，光線不足會使美女櫻枝葉徒長，花色和花量表現不佳。

2. **土質**：美女櫻可耐貧脊的土地，使用一般的市售培養土即可，富含有機質的砂質壤土更理想。

3. **水分**：美女櫻稍能耐乾旱，盆土表面呈現乾燥再澆水，春秋每天澆水1次，夏季每天1～2次，冬天和雨季可2天澆水1次。

4. **施肥**：每星期施用一次速效肥，可幫助植株生長旺盛；結生花苞時，要施加促進開花用的磷鉀肥，可增進開花量。

5. **特殊呵護**：
凋謝的小殘花隨時摘除，可維持較長的花期，當整個花序1/2以上的小花都凋零後顯得較疏落，可以從花莖處剪去，整理植株枝葉。美女櫻不耐高溫，夏季若有開花注意環境通風，避免悶熱。

美女櫻生Baby

美女櫻多以播種方式來繁殖，春、秋兩季氣候涼爽皆適合播種，播種前，可將種子先泡水催芽，約2週發芽。若要直接購買栽培好的盆栽，挑選枝葉茂盛、挺拔強健、分枝多、花苞花序豐盛、尚未完全開花的植株為佳。

可愛植物 才藝秀

1.繁花緊簇的小洋傘
依品種不同花色繁多，在花期間，就像看到美麗的小姑娘們撐起一把把的花傘，因此美女櫻也被稱為「美人櫻」、「小花傘」。

2.葉片紋路細緻
葉形也依品種有變化，有長橢圓形、細柔的羽狀。仔細觀察，還會發現全株莖葉上都有一層可愛的細絨毛喔！

3.匍匐、矮性各用途廣
依莖枝生長特性品種不同，有具匍伏性、矮性品種之分，前者適合用來作吊盆佈置；後者則適合盆栽、庭園花圃、窗台等栽培觀賞。

花園遊戲

小美人們點名簿：
數數看，每一支盛開的繖狀花序裡有多少朵小花？

尋寶Q&A：
繖型花序的萬人迷花卉再推薦
繖型花序的植物中，「繁星花」也是非常高人氣的花卉，花序中每個小朵花都呈現星星的形狀，滿天都是小星星，而且有蜜蜂和蝴蝶非常喜歡的甜花蜜喔！因此她也屬於一種重要的「蜜源植物」，對生態很有貢獻。

喵～喵～，滿園都是小花貓

三色堇

三色堇是歐美、日本、溫帶國家很受喜愛的小品植物，顏色鮮豔，花色有黃、紫、白、紅等色彩，有單色、雙色或多色交雜，花瓣明顯的紋路線條，像貓咪的鬍鬚，適合庭園花壇、盆栽栽培，也可以剪取花朵作壓花裝飾品。

三色堇

學名	Viola tricolor L.
英名	Pansy
綽號	貓兒臉、人面花
族譜	堇菜科一年生草本植物
家鄉	歐洲中北部
最可愛的時候	
秋冬～翌年春季為主要花期。	

◆花季來臨，大大小小的三色堇開出一張張可愛小臉，就像花園裡來了好多的小貓咪。

◆我的鬍鬚一根根的特別明顯吧！

◆看我是不是也很像熊貓？

請你這樣照顧我

1. **陽光**：三色菫喜歡陽光明亮充足的環境，但是需要柔和的光線，不能烈日強光直射，注意通風要好。有遮簷的東向或南向花園陽台最佳，冬季可不遮簷。
2. **土質**：使用富含有機質且稍具黏性的土壤最佳。
3. **水分**：最好早晨澆水，澆水要直接注入土壤，不要淋灑在花瓣和葉片上，雨天也要注意遮雨不可淋雨，才能保持嬌美的花型。澆水後注意水盤不可積水，以免根部腐爛影響植株健康。
4. **施肥**：栽植前先在土裡添加腐熟有機肥作基肥；定植後再用稀釋液體速效肥每2週施用一次。
5. **特殊呵護**：
   修剪殘花：隨時注意有殘花或是枯葉就要剪除，以免繼續耗損植株營養。
   避風擋雨：刮風下雨的時候要注意避風雨的措施，以免摧折打爛了小花。

三色菫生Baby

三色菫以播種法繁殖，涼爽的秋季最適合播種，約隔年春天就可以開花，一次多栽培幾株，整個春天都可以欣賞到美麗可愛的花景。

花園遊戲

押花作卡片：可愛的三色菫花型扁平，而且花瓣薄，很適合拿來押花喔！用厚重的書本夾起來平放，等幾天之後乾燥定型就完成了，襯上紙張沾黏固定或作護貝，寫幾句祝福的話，就是精美的自製卡片了。

寵物測量：你的三色菫是大花品種還是小花品種？量量看，通常大型花直徑可達10公分，中型花直徑約6公分，小花直徑約2公分。

可愛植物 才藝秀

1.特殊的唇瓣花型
三色菫的花瓣排列組合很特別，5片花瓣包括左瓣、右瓣、2片上花瓣、1片下花瓣（也稱唇瓣）。

2.有頭有臉的花卉
三色菫特殊的花瓣構造，加上花瓣中心部與花瓣外圈，有不同深淺顏色和形狀的色塊、條紋，遠看像是一張張小臉蛋，也像是小貓的花臉模樣，因此有「人面花」、「貓兒臉」等有趣的綽號。

尋寶Q&A：

還有類似的小臉花嗎？
三色菫的菫菜家族中，花型很相似還有「香菫菜」，香菫菜的花朵非常嬌小，看起來像是迷你版的三色菫，其枝較柔軟具蔓性，除了栽培欣賞，嫩花嫩莖葉還可以食用呢！

色香味俱全的愛情花后
迷你玫瑰

玫瑰是世間有名的
愛情花，具有高貴
的芳香氣息，被譽
為「花中之后」。
其顏色和園藝栽培
品種繁多，花型大
小也變化萬千，
葉片為奇數羽狀複
葉，莖枝上具有尖
刺。迷你的品種則
有玫瑰的嬌媚，更
增添幾許嬌羞可愛
的感覺。

迷你玫瑰

學名	Rosa Chinese Jacq.Minina Miniature Roses
英名	
綽號	愛情花、月季花
族譜	薔薇科多年生常綠或落葉灌木
家鄉	亞洲、北美洲、墨西哥、印度、中國大陸等皆有分佈。
最美麗的時候	全年陸續開花

◆雖然是迷你版的美人，
我仍是花中之后，世間愛
情的代言人呢！

◆ 有人說美女總是需要練好防身術，我就有許多小尖刺，小心點喔！懂得欣賞我的小姐們如果要買玫瑰花材插花，有些花藝店提供「無痛除毛」的服務，沒有刺的玫瑰可以確保妳的玉手不痛痛。

請你這樣照顧我

1. **陽光**：玫瑰需要明亮的日光，最佳的環境就是陽光明亮，但有屋簷窗簷略為遮擋的位置，尤其夏季艷陽高照要避免直射。

2. **土質**：栽培土以富含有機質的砂質壤土最佳，可混入蛭石、珍珠石等介質通氣性。

3. **水分**：春夏季每天澆水1次，秋冬季2天澆水一次即可。植株生長初期水分需求較多，開始結生花苞至開花期間都可減少供水以利花期延長，見土壤表面略乾再澆水。

4. **施肥**：肥料對玫瑰花來說很重要，定植前可在土壤裡混合添加骨粉、油柏等有機肥料，每2星期可施用1次肥料，花期間可用磷鉀肥促進開花量。

5. **特殊呵護**：

   通風及防寒：栽培環境一定要通風良好，而玫瑰喜歡溫暖的氣候，冬天要注意擋風防寒措施。

   花季前後的修剪：在生長過程中，可適度的摘心；花期過後也要作適度修剪，來年可長出新的側枝，變得更茂盛。

迷你玫瑰生Baby

玫瑰的繁殖法有播種、嫁接、高壓枝條、枝條扦插等繁殖法，一般家庭較適合使用「扦插法」，在涼爽的秋天進行最佳，選擇健壯的枝條，取具有4個腋芽的枝條，約6公分長度，保留約4片葉子，將枝條斜插在濕潤疏鬆的栽培土裡，放在有光線但非烈日直射的位置，靜待40天左右可生根。

◆ 玫瑰花含苞初綻的時刻，熱烈盛開的華麗，各有不同的美感。

可愛植物　才藝秀

1.上萬品種賞不盡
玫瑰品種約上萬種之多，顏色上也有很多選擇，且持續有新品種推出。

2.全方位的美麗香氛生活
玫瑰花除了美麗值得欣賞之外，依品種特色還用來提煉香精、泡茶、入菜、製藥、泡酒，還可以作成浪漫的手藝裝飾。

3.花朵顏色&數目藏玄機
玫瑰花除了深受女性喜愛，也扮演著有情男女的代言花，情人節的玫瑰花束特別熱賣，花朵的顏色和花材枝數更是大有學問喔！

花園遊戲

乾燥玫瑰花束DIY：

欣賞玫瑰花的另種風情嗎？自己來製作乾燥玫瑰花束，只要剪下幾支玫瑰花枝條綑綁在一起，倒著懸掛在通風處，等自然風乾後，紮上緞帶，就可以拿來作成牆壁或門面上的裝飾了。

尋寶Q&A：

拜訪2位明星臉─月季、薔薇

「月季」和「薔薇」和玫瑰很像，都屬薔薇科薔薇屬，很容易令人分不清楚。玫瑰花莖枝較月季挺直且粗壯，薔薇的莖枝則較輕細。這三種植物莖枝上都有刺，月季花和玫瑰的花相似，花徑約5公分以上，薔薇花徑較小，約在3公分左右。

氣質小美女

引頸張望的小雛鳥

夏堇

夏堇植株低矮，花型小巧，分枝和開花量卻非常的繁盛，可說是春夏季熱鬧繽紛的熱門草花，花色主要有深粉紅、紫色，唇形花瓣模樣特別，上側2片，下方3片，花筒內有明顯的黃色斑塊，更增添幾分俏皮感。

夏堇

學名 *Torenia fournieri*
英名 Wishbone flower
綽號 花公草、蝴蝶草
族譜 玄參科一年生草本植物
家鄉 越南、亞熱帶地區
最可愛的時候
春末～秋初溫暖氣候為主要花期

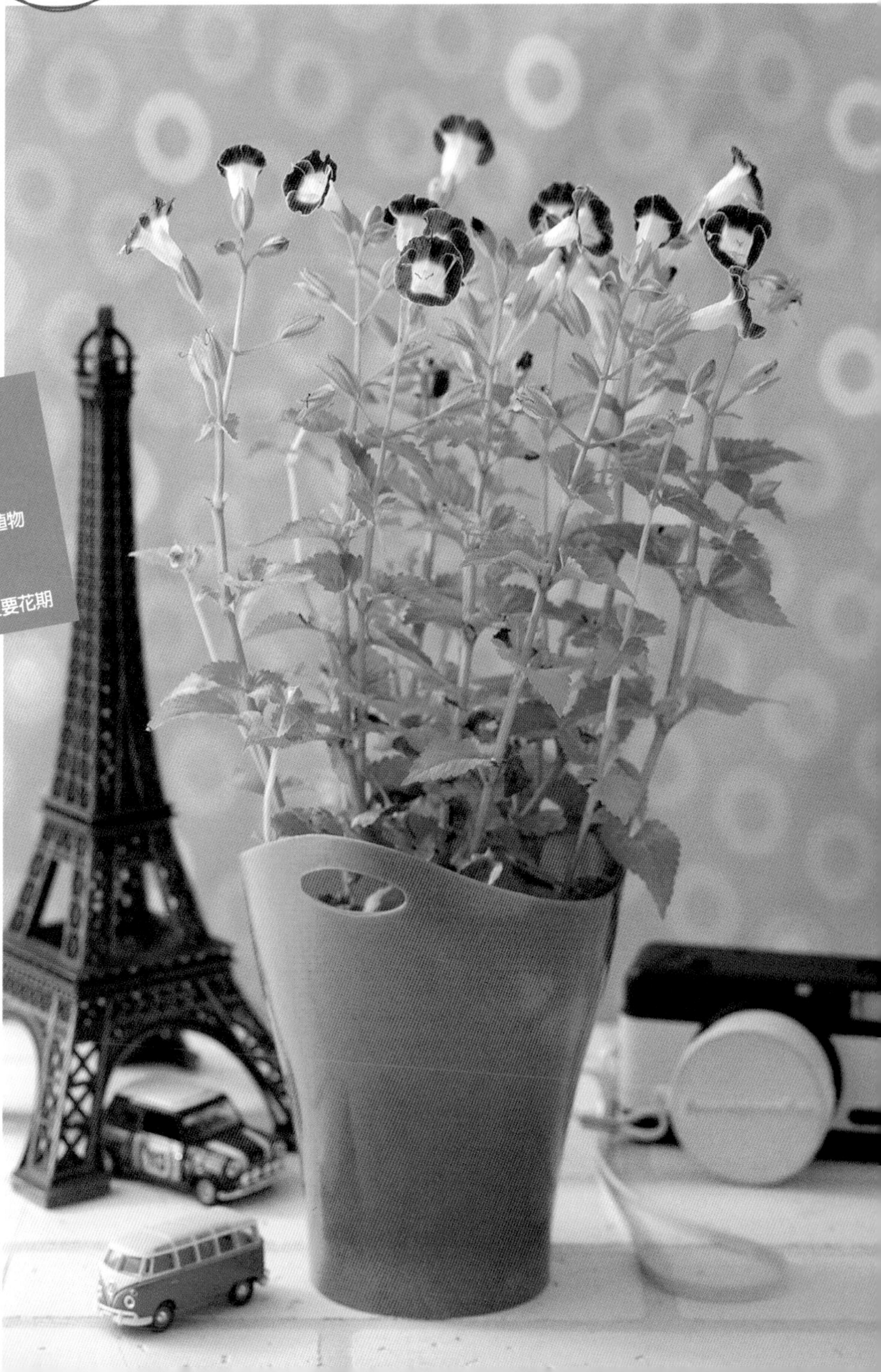

◆花期中的夏堇總是熱熱鬧鬧開滿盆，桃紅、深紫一樣迷人。

◆深邃的花杯裡有鵝黃色的可愛斑塊，很像小雛鳥張著大嘴等待餵哺。

請你這樣照顧我

1. **陽光**：夏堇在光線明亮充足的環境生長最佳，如東向、南向的花園和陽台，光線柔和稍遮蔭的環境也可栽培，但是不可太陰暗。

2. **土質**：一般市售的栽培土即可用來栽種夏堇。

3. **水分**：夏堇很依賴水分，需要每天澆水1～2次，經常保持土壤濕潤對植株健康很有幫助，尤其花期間正值盛夏，且花量繁盛，水分很容易散失，所以不可失水太久，如果要出門幾天一定要記得在盆器底部放一水盤，注意水面不可浸到土壤。

4. **施肥**：夏堇每1～2星期可施用一次速效肥，促進開花量，使植株更健康旺盛。

5. **特殊呵護**：

   夏季通風避強光：夏天要保持栽培環境通風，若烈日高照，葉片有灼傷焦黃現象，則可移到略有樹蔭或屋簷的地方。

   花期美觀的維持：花季期間每天都有新花朵綻放，也會有凋萎的花，隨手清除凋萎的花和枯葉，才能保持夏堇旺盛美觀的景象。

   秋季轉弱需修剪：夏堇喜歡溫暖的氣候，春夏季是最有活力的季節，天氣轉涼的時候，也會呈現莖葉衰弱，開花數量減少的現象，剪去殘枝，如果真的熬不過冬天，就要淘汰了，等來年春夏季再買新株。

可愛植物 才藝秀

1.探頭張望的小雛鳥

夏堇小花杯裡有塊黃黃的色斑，看起來像是一隻隻嗷嗷待哺引頸張望的小雀鳥，非常可愛。花朵裡有二個雄蕊相連在一起，彎弧狀也像是小鳥的胸骨呢！

2.彈力小超人

失水後很容易莖枝萎軟傾倒，尤其夏天如果2天都沒澆水，就會看到全株癱軟倒塌的慘況，不過夏堇的恢復力也超強，只要不拖延太久，能夠立即澆水補充水分，不多久莖枝就會重新挺立。

夏堇生Baby

多以種子播種繁殖，播種需用排水良好的壤土，環境需陽光充足，土壤要澆水保持濕潤，但不可積水，約1～2週發芽。

花園遊戲

開花比賽：兩盆夏堇一起比賽吧！在花季盛開時數一數，看看哪一盆開的小花最多，整個花季可開出上百朵小花呢！

尋寶Q&A：
春夏季可愛的嬌小小花還有哪些？
「柳穿魚（姬金魚草）」、「煙草花」、「紫芳草」、「星辰花」、「千日紅（圓仔花）」、「四季海棠」都是春夏季開花旺盛的草花。

吃苦耐勞的清秀佳人
長春花

長春花原產於熱
帶，生性喜歡高
溫溫暖的環境，
生命力非常旺盛。
花色常見有白色、
桃紅、淺粉紅、白
花紅心、粉瓣桃紅
心、桃色白心等變
化，花型呈平面
式，五片花瓣邊緣
略微戶相交疊。

長春花

學名	Catharanthus
英名	Old Maid
綽號	日日春，時鐘花
族譜	薔薇科多年生常綠或落葉灌木
家鄉	南美洲、印度、馬達加斯加

最美麗的時候
一年四季絡繹不絕的開花

◆白色的長春花，無論搭
配什麼顏色的居家佈置都
很和諧。

◆ 素雅的白色長春花,花瓣中央一圈紅色的花心,有畫龍點睛的雅致美感。

◆ 白色的花器非常好搭,各種花色和室內風格都可融合。

請你這樣照顧我

1. **陽光**:長春花需要栽培於陽光充足、日照時間長的地方,南向或是東西向方位最佳,露天花園栽培最良好。

2. **土質**:長春花對土壤適應力強,一般市售培養土即可生長良好。

3. **水分**:春、夏季每1～2天澆水1次,尤其盛夏炎熱的期間水分散失快速,最好每天澆水。秋、冬和多雨季節每週澆水約2次即可,每次水量要澆足,放慢澆水速度,每個方向的土壤面都要均勻澆水,直到見盆底流出水即可停止。

4. **施肥**:長春花很耐貧瘠的土地,不施肥也可生長良好。如果希望開花量能更豐盛,可每個月施用1次花肥。

5. **特殊呵護**:

   避風避寒:長春花喜歡溫暖至高溫的氣候,春夏生長最旺盛,冬天寒冷或刮風的時候要有遮蔽的措施。

   適度修剪促生機:在春、秋兩季可將開過花的莖枝略作修剪,或是未開花的莖枝摘除頂芽葉片,可促進發長新枝,增加開花量。

長春花生Baby

長春花以播種或扦插方式繁殖,全年四季避開酷熱和寒流氣候,都可進行繁殖,長春花不適合移植,最好在播種或扦插時就固定好生長位置和盆器,株距在20～30公分左右為宜。

花園遊戲

花朵變時鐘:

長春花有一種經典的遊戲,和它稱之為「時鐘花」有密切的關係。取一朵花來,花瓣下有一細長的花筒,花筒裡藏有一根花絲,兩手將花瓣從兩邊輕輕拉開讓花筒順道被撕開,取出裡頭的那根「花絲」,把花絲有黏液的那頭黏在手掌心或紙張上當時針,再剝取另一根花絲當分針,以花朵為中心,在手掌上畫個圓圈當時鐘框,並寫上時間的刻度數字,當花絲被吹動時,就像時鐘在運轉了。

可愛植物 才藝秀

堅韌不拔超好活

長春花的生命力非常旺盛,可耐旱、耐濕、耐貧瘠的土壤,山邊的岩石縫、水溝邊的殘泥上,只要種子落地,就會萌芽生葉、開出美麗的花朵。居家栽培很輕鬆,是懶人花園的推薦植物。

尋寶Q&A:

還有和長春花花型相似的草花嗎?

在冬、春季的「報春花」、「西洋櫻草」,以及一年四季都有花的「非洲鳳仙花」,花型都和長春花相似,而且色彩都很艷麗喔!

纖細柔弱令人憐

金絲菊

金絲菊是花型很迷你的菊科植物，株高約15～30公分，莖枝纖細柔軟，植株呈現匍伏偃倒狀，風一吹就搖曳生姿。金絲菊的植株分枝多，不用特別摘心也有豐盛的開花量，每枝花莖頂端開小黃花，顏色很鮮黃醒目。

金絲菊	
學名	Thymophylla tenuiloba
英名	Dahlberg daisy
綽號	萬點金、金光菊、金毛菊
族譜	菊科一年生草本植物
家鄉	墨西哥、德州、北美洲、智利
最可愛的時候	
春、秋兩季為主要花期	

◆金絲菊花量豐盛，多盆合栽更顯盈盈花海，燦爛可人，由於莖枝細嫩、葉片呈細線狀，全株質感纖細柔美，徐風吹來就會隨之搖頭擺身，動感十足。

◆金絲菊是迷你的小菊類植物，一朵朵鮮豔的小黃花非常可愛。

1.**陽光**： 栽培金絲菊需要全日有明亮光線的環境，南向、東南、東向無遮蔭的位置最佳，略有遮蔭的陽台、窗台也可栽培，只是開花量會較少。

2.**土質**：土質以排水良好的砂質壤土最佳，在一般市售栽培土裡可加入蛭石、珍珠石等增加排水效果。

3.**水分**：每日澆水1次即可，見土壤表面略乾燥再澆水，不宜太潮濕以免影響生長。

4.**施肥**：金絲菊生性強健，只要環境條件良好，不用施肥也可生長旺盛，如果希望長得更好，可以每2星期施用1次速效肥。

5.**特殊呵護**：

喜歡溫暖怕寒冷：金絲菊喜歡溫暖的氣候，秋末至冬季要移到較溫暖的角落或溫室栽培。

柔軟纖細怕吹風：金絲菊莖枝細嫩柔軟，怕受風吹，刮風的天候要有擋風設施，或是移到避風的位置。

金絲菊生Baby

金絲菊以播種方法來繁殖，可利用春、秋兩季播種，約2～3週發芽，由於等待時間較長，居家觀賞可買現成幼苗或含苞盆栽較方便。

花園遊戲

花量數一數：金絲菊以花量豐盛著稱，所以也贏得「萬點金」的美名，買幾株金絲菊來觀察，數數看一棵纖細弱小的植株一共能開出多驚人的花量？

尋寶Q&A：

相似的迷你小菊科植物還有—馬格麗特

和金絲菊長得有幾分相似的小型菊科植物首推「馬格麗特」，尤其黃色舌瓣的品種，單看花常讓人分不清楚，不過看葉片的形狀就知道了，馬格麗特的葉片比較粗放，為羽狀裂葉小葉較寬，葉色濃綠，金絲菊的莖葉則明顯纖細許多。

可愛植物 才藝秀

1.**質感纖細，令人憐愛**

金絲菊莖枝非常纖細柔軟，葉片呈羽狀複葉，細看每個小葉是針狀線形，黃色的花朵也嬌小可愛，全株給人蓬鬆輕柔的質感。

2.**園藝上多重美感**

金絲菊可以作遮擋泥土的「地被」植物；或是作「吊盆」，讓略具懸垂效果的莖枝表現特色；也適合用來作多種植物組合栽培時，填補縫隙空間的填充美化植物。

迷你潔白的毛毛花

印度蓮

印度蓮也稱印度莕菜，是非常迷你的水中花卉，由於植株通常只有一片葉子，厚質的葉子翠綠呈心型，形狀和睡蓮相似，也稱「一葉蓮」。其花莖細長且數量多，纖狀簇生於根莖上，早上開花，午後花朵閉合潛入水中，是很有原則的奇特小花。

印度蓮	
學名	Nymphoides indica (L) O. Kuntze.
英名	Nymthoides
綽號	印度莕菜、金銀蓮花、一葉蓮
族譜	薔薇科多年生常綠或落葉灌木
家鄉	台灣、中國大陸、溫帶亞熱帶地區池塘或沼澤濕地
最美麗的時候	春、夏、秋季陸續開花

◆ 飲清水，開白花，帶有禪意的浮水植物，六片細長的花瓣邊緣都佈滿長長的鬍毛，非常有趣。

◆ 我的花苞有點像是連發子彈，一朵一朵的依序開啟，花期間每天都有新花可以觀賞。

請你這樣照顧我

1. **陽光**：印度蓮喜歡陽光明亮充足的環境，開花會連續不斷令人驚奇。夏季陽光太強烈時需稍加遮蔭以免葉片灼傷。

2. **土質**：栽培印度蓮需要用到壤土與水，在寬大的盆器中填入1/3深度的壤土，再加水約8分滿，放上印度蓮的葉片或有已有花苞的植株即可生長。

3. **施肥**：印度蓮無須施加肥料即可生長良好，過多肥料反而容易有反效果。

4. **特殊呵護**：

   冬季萎縮，需保護越冬：印度蓮喜歡溫暖高溫環境，冬季溫度變低，植株會停止生長，逐漸萎縮，但是根部仍在土中具有生機，做好防風措施，移到室內通風良好、光線明亮的位置避寒，等翌年春夏氣候回暖會再發新芽。

印度蓮生Baby

印度蓮多以葉片或分株繁殖，成熟葉片的基部會長出幼芽，幼芽生根後就可以分株成為獨立的植株了，印度蓮在台灣早年為野生植物，目前多以專業培育繁殖，也有從國外引進種苗來繁殖。一般居家觀賞也可購買現成有花苞的植株最方便。

可愛植物 才藝秀

1. 只有早晨才開花
印度蓮即將開花的花莖特別長挺，通常只在早晨開花，中午過後就閉合起來，每株約可陸續開10～20朵花，環境適合的話花期很長。

2. 鬍毛茸茸的白毛花
長著白色濃密的長毛，雄蕊五枚，花藥呈黃色，雌蕊柱頭分裂成二片，整朵花看起來非常潔白高雅，尺寸迷你又毛茸茸的也顯得很可愛。

花園遊戲

有人誤以為印度蓮就是迷你睡蓮，其實兩者是不同的植物。找找看哪裡有迷你睡蓮，量量看花徑尺寸，再量量看你的印度蓮，看看它們各自是幾公分？（提示：印度蓮比迷你睡蓮的花更迷你喔！）

觀察看看：你的印度蓮都是每天早晨開花嗎？開花和花謝大概維持多久的時間？

尋寶Q&A：
和印度蓮相似的其他莕菜屬水生植物有哪些？
和印度蓮相似的水生植物，還包括莕菜屬的「小莕菜」、「龍骨瓣莕菜」、「龍潭莕菜」，這三種品種都開白花；另外有開黃花的「黃花莕菜」。

葉子
也漂亮

會攀爬的綠色小掌
常春藤

常春藤屬於蔓性植物，具攀緣性，適合以吊盆栽培，或作成園藝造形設計。其葉片形狀呈3～5指叉開，似楓葉，也像足掌，葉色上有全綠及斑葉品種，耐寒性佳，在歐洲是很受歡迎的觀葉植物，在台灣附予「常春」美名，有吉祥寓意。

常春藤

學名	Hedera helix L.
英名	English Ivy
綽號	英國常春藤
族譜	五加科多年生常綠蔓性植物
家鄉	西亞洲、歐洲、北非等地區
最可愛的時候	一年四季都常綠可愛

◆ 有「常春」吉祥的名字，有旺盛的生命力，好栽好養，葉片像一隻隻小手伸出來要跟你握手。

◆ 斑葉常春藤葉片上有不規則黃白色的鑲邊和白綠色的斑塊，比單純綠葉品種多了幾分玩味之趣。

◆ 居家隨手可得的馬克杯，就是休閒味十足的花器。

請你這樣照顧我

1. **陽光**：不耐強光烈日，夏季要有適當的遮蔭措施，在室內明亮處可以生長良好，全綠葉品種較能耐蔭，斑葉品種需要較明亮的柔和光線，在太陰暗的地方葉色會變差。

2. **土質**：使用排水性良好的砂質土，也可在一般栽培土裡混合蛭石、珍珠石或細蛇木屑，增加排水性和通氣性。

3. **水分**：必須保持一定的濕度，春夏秋天每天澆水1次，冬季可2天澆水1次，在冷氣房、乾燥氣候或夏季水分容易蒸發的時節，可用水霧器噴灑水氣在葉面上保持濕度，增加植物的活力。太乾燥不僅植株生長受影響，而且容易有蟲害。

4. **施肥**：栽培前最好在市售栽培土裡混合緩效性肥料或有機肥，平日每2星期以稀釋後的少許液態肥料施灑在葉面上。

5. **特殊呵護**：

   喜愛冷涼，夏季要避暑：常春藤喜歡涼爽氣候，且可以耐寒，但是夏季要栽培在涼爽通風、有遮簷擋強光的位置，移到室內通風處栽培也是好方法。

可愛植物 才藝秀

1. **多種斑葉各展風情**：常春藤有許多栽培改良品種，如綠葉白斑邊、綠葉黃斑邊、綠底金黃斑，依葉片尺寸不同也有大葉常春藤、小葉常春藤等變化。

2. **蔓性莖枝多造型**：常春藤枝條具蔓性，可誘導生長作成多種造型的園藝藝術，例如以鐵絲繞出拱圈或空心造型架構，使常春藤攀爬上來逐漸生長，就能創作出一尊尊綠色的雕塑品囉！

常春藤生Baby

常春藤的繁殖方法多採用扦插法，剪取一段帶有氣生根、2～3個莖節和幾片葉子的枝條，插入栽培土裡澆水保濕，即可繁衍出新的常春藤嫩芽。扦插時間最好選擇在涼爽的春、秋季為佳。

花園遊戲

美化綠窗DIY：
家中如果有一個採光柔和有遮簷的窗戶，不妨利用鐵窗或設立枝架，種幾株常春藤，誘導蔓性莖枝往上攀爬，不久就會有一幅綠意盎然的美麗窗扉喔！

尋寶Q&A：
和常春藤一樣全年可觀賞的觀葉植物有哪些？
有一種菊科觀葉植物「金玉菊」和斑葉常春藤葉片很相似，判斷其特徵差異是金玉菊的葉型為近似六角形、戟狀，而常春藤葉型掌指狀較明顯。其他可以全年觀賞的觀葉植物還有「網紋草」、「觀葉秋海棠」、「黛粉葉」、「黃金葛」、「吊竹草」等等。

多了幾分翠綠的浪漫詩意

楓葉天竺葵

葉片美過花朵的天竺
葵，多被歸類為「觀
葉天竺葵」，楓葉天
竺葵屬於觀葉天竺葵
品種中的一種。因葉
型像是楓葉，且葉片
上有明顯大片的紅色
斑塊，也像是熟紅的
楓葉，因此得名為楓
葉天竺葵，既詩情又
雅致。

楓葉天竺葵

學名	Pelargoniumxpeltatum hybrida
英名	Bedding Geranium
綽號	楓葵
族譜	牻牛兒苗科多年生草本植物或灌木
家鄉	南美洲、南非
最詩意的時候	一年四季

◆ 楓樹天竺葵擁有楓樹的
紅意，又比楓葉多了幾分
綠意。

◆ 水栽植物,可以選用別緻的吊掛式玻璃容器,水中加入一些彩色剔透的玻璃石,更增添活潑感。

◆ 透過光線從葉片背面照射,更能仔細欣賞楓葉天竺葵的紋理之美。

請你這樣照顧我

1. **陽光**:楓葉天竺葵喜歡陽光明亮充足的環境,如果栽培地的光線不夠充足或是有遮蔭,斑塊的顏色會變淡不明顯,生長情況會變差。

2. **土質**:市售培養土或是疏鬆富含有機質的砂質壤土最佳。

3. **水分**:見土表略乾燥再澆水,夏季每天需澆水1次,春秋冬季可1～2天澆水一次。

4. **施肥**:栽培前在培養土裡混合基肥,每2星期施用觀葉專用的肥料,以施用氮肥為主。

5. **特殊呵護**:

    避免酷熱和寒冷:天竺葵喜歡涼爽宜人的氣候,夏天的酷熱和冬天的嚴寒都會讓他生長不良,所以在夏季要放在有遮簷、通風處,冬天移到較為溫暖防風的角落避寒。

    適時修剪促進發葉:隨時將枯葉除去,維持美觀也增進植株健康,每個月可將較高的枝葉略作修剪,促進新葉萌生,使植株矮化更形茂密。

可愛植物　才藝秀

1. **詩情畫意名字**:楓葉天竺葵的名字一聽就讓人聯想到深秋季節,一片片紅紅的楓葉飄落的情景,充滿詩意和想像空間。

2. **開的小花也很可愛**:楓葉天竺葵的花朵其實也很可愛喔!花莖很長,花瓣呈橙紅色,形狀如飛舞的蝴蝶,開花時可以仔細觀賞。

楓葉天竺葵生Baby

楓葉天竺葵的繁殖方法,主要是播種或扦插法,扦插以春秋兩季為宜,採具有3～4節莖枝作為插穗,斜插在栽培土裡,澆水保持土壤濕潤,給予明亮光線的環境,也可以插在水杯裡,以清新的水促使葉片發根。

花園遊戲

比一比誰最浪漫:

拿一片真正的楓葉,再拿一片楓葉天竺葵,比較一下,他們的掌狀葉片各有幾個爪?顏色上有什麼不同?美感上有什麼差異?

尋寶Q&A:

其他也是以葉片為主角的天竺葵

除了楓葉天竺葵之外,以葉片為主要觀賞對象的還有葉片上具有斑紋的「斑葉天竺葵」,以及具有豐富香氛精油的「香葉天竺葵」,葉片依不同品種具有不同的香氣,把葉片搓揉後就會聞到它們特別的氣息,如「檸檬天竺葵」、「玫瑰天竺葵」、「椰香天竺葵」等,可運用在料理或精油的萃取。

葉子
也漂亮

肥嫩多汁，玉石絨顏
石蓮

石蓮植物很耐旱，喜歡溫暖環境，台灣常見的品種有美麗蓮、朧月、玉蓮、黑王子、花月葉等，通稱為「石蓮」。多作為盆栽觀賞，培養多年的老株的主莖會長得較長，呈垂懸狀，也可當吊盆作花園佈置上的變化。

石蓮	
學名	Echeveria peacockii
英名	Hen And Chickens
綽號	英國常春藤
族譜	景天科多肉植物
家鄉	墨西哥、南非、歐洲
最可愛的時候	
一年四季都可愛	

◆ 用多肉植物當頭髮，很炫吧！

◆ 石蓮葉片長出鬚根後，就會逐漸發出可愛新嫩的小葉芽，成為一個獨立的植株，可說是子孫興旺的家族。

請你這樣照顧我

1. **陽光**：全日明亮陽光的環境最佳，但須有遮簷，避免夏季強光直射，可以栽培在南向窗台、陽台有遮簷的明亮方位，或是選擇家裡日照時間最長最明亮的窗邊也可以。
2. **土質**：市售栽培土或肥沃且排水良好的砂質壤土。
3. **水分**：石蓮飽滿肥厚的莖和葉片貯藏了大量的水分，因此每週澆水1次即可，保持土壤半乾燥狀態反而有益石蓮的健康，澆水時用尖嘴壺澆在栽培土上。
4. **施肥**：石蓮非常自給自足，無須特別施肥，若是真的想寵愛他，可以每2個月施加有機肥或是三要素肥1次就夠了。
5. **特殊呵護**：

   冬天要避寒：石蓮喜歡溫暖的氣候環境，冬天需設立防風措施，或移到可避風、較為溫暖的位置來過冬。

石蓮生Baby

石蓮的繁殖力很強，只要取下一個葉片，把葉柄插入栽培土或是給予淺薄的水分，很容易就能生根、逐漸長出肥嫩的小葉，成為新植株。只要你勤著繁殖，很快就會有一大片石蓮樂園了。

花園遊戲

品嘗清爽的花園蔬食：

石蓮可以觀賞，也可以食用，在日本還視為健康食品，可打汁或沾蜂蜜、沙拉醬或是梅子粉，當生菜來品嘗，這股風潮延至台灣，在超市也常可購得剝下盒裝的石蓮葉片。味道有點像是蓮霧，清淡帶著微酸。

可愛植物 才藝秀

1. **肥嫩多汁富貴相**：石蓮為多肉植物，葉片肥厚，內含豐富水分，葉片輪生放射狀排列，且具有多層次感，每一株都像是一朵重瓣花卉，石蓮的葉片呈灰綠色，也有紫紅色品種，表面有茸茸質感，看起來也像玉石雕刻出來的藝術品。
2. **體健長壽子孫多**：石蓮生命力很強韌，即使不特別照顧也能自立自強，只要有陽光、通風的空氣，幾乎可說是「絕對活」的植物，而且一片葉子就能繁殖出下一代，可說是超級會生的興旺家族。

尋寶Q&A：

圓潤形的可愛多肉植物還有哪些？

多肉植物包括了仙人掌科、百合科、景天科、菊科、石蒜科等五十多科的植物，種類非常繁多，推薦幾種景天科家族形狀圓潤、有可愛感的多肉植物，如「耳墜草」、「銘月」、「東美人」、「月兔耳」、「白佛甲」、「蓮座草」，作吊盆的如景天科「玉珠簾」、菊科的「綠之玲」、「弦月」，這些多肉植物都有可愛的富貴相喔！

喜歡擠在一起的親密家庭

短葉虎尾蘭

短葉虎尾蘭是葉片厚實的肉質草本植物，植株低矮小巧，葉片有墨綠色銀灰環狀斑紋，也有鮮艷的鑲黃邊品種。其葉叢密集層疊生長，耐蔭又可水栽，很適合室內觀賞，擺放在窗邊通風良好又明亮的位置，就能生長健康。

短葉虎尾蘭

學名	Sansevieria trifasciata
英名	Bridsnest Sansevieria
綽號	鳥窠葉
族譜	龍舌蘭科多年生草本植物
家鄉	熱帶亞洲、非洲地區
最強健的時候	一年四季都朝氣蓬勃

◆ 虎尾蘭為觀葉為主的植物，葉片呈叢生狀，質地厚實，有長葉、短葉、斑葉等不同品種，插水栽培或是土壤栽培都可以。

◆ 取虎尾蘭葉片含莖段插水栽培一段時間，就可以生根成為新植株。

請你這樣照顧我

1.陽光：短葉虎尾蘭對光線適應力佳，無論是生長在光線明亮，或是略有遮蔭的地方，如有遮簷的陽台、窗台、室內，都可以生長良好，室內栽培可靠窗邊或能受到燈光漫射的位置最佳。

2.介質：短葉虎尾蘭很厲害，土栽、插水都能活。

水栽法：取個玻璃瓶器，把葉叢架高，只有根部浸潤在水中即可。取單片葉子也可插水觀賞，時間久了還會生根繁殖。

土栽法：如果要用土來栽培短葉虎尾蘭，選擇肥沃且排水性良好的腐質壤土最適合。

3.水分：虎尾蘭很耐旱，可以多日不澆水，可說是懶人花園裡的「極品」之一。土栽法每2～3天澆水1次即可，潮濕多雨季節，可每週澆水1～2次。水栽法每1星期換水1次即可。

4.施肥：春、夏、秋季每2個月施用1次三要素肥或是氮肥，就可以讓短葉虎尾蘭長得厚實健旺，冬天時候就不用施肥了。

5.特殊呵護：

酷夏需防曬：短葉虎尾蘭喜歡高溫環境，夏天是最旺盛生長期，但在盛夏仍需適度遮蔭，減緩陽光強度。

冬天入室來避寒：冬天要避免凍傷，最好在室內或溫暖無風的陽台避寒。

◆ 居家栽培虎尾蘭，用清水滋潤根部即可，衛生又方便。

可愛植物 才藝秀

對淨化空氣有幫助：虎尾蘭不僅自己本身很潔淨，不容易有蟲害，而且根據專業研究，虎尾蘭對改善空氣品質效果也很卓著，很適合都市居家栽培。

短葉虎尾蘭生Baby

短葉虎尾蘭可以用分株法或插葉法來繁殖，春、夏、秋季都可進行繁殖工作，分株法難度較高，要小心將葉叢和根部剝成2～3份分別栽種；插葉法只需將外層健康的葉片從基部完整剪下，把葉端插在水中，生根後即成獨立植株。

花園遊戲

看誰最快會生根：
從葉叢基部剪下一片完整的「短葉虎尾蘭」葉片，再拿一片「石蓮」葉片（或是其他可以用葉片繁殖的植物葉片），把葉端都插在個別的水皿裡，等等看，看哪一種最快長出根來？

尋寶Q&A：

虎尾蘭除了短葉品種，還有「長葉虎尾蘭」
虎尾蘭品種上最大的區分可分為「短葉虎尾蘭」和「長葉虎尾蘭」兩類，主要區別在於葉片的長度不同，「長葉虎尾蘭」適合運用在戶外庭園，挺拔如劍的長葉搭配低矮花叢，或搭配石景來佈置，都很能顯現個性美，喜歡室內觀賞者，也可修剪幾片長葉插水栽培。

葉子
也漂亮

綠色小舟朵朵飄
水芙蓉

水芙蓉為漂浮性的台
灣原生種水生植物，
不需土壤栽培，只要
一杯水就可快樂生
長。其葉片呈叢生
狀，每片葉片為方橢
圓型，葉面上有數條
平行的葉脈和細絨
毛，遇水結成一顆顆
晶瑩的小水珠，看起
很有質感。

水芙蓉	
學名	Pistia stratiotes
英名	Water Lettuce
綽號	大藻、大萍、水萵苣
族譜	天南星科多年生浮游性水生植物
家鄉	熱帶美洲、亞熱帶水塘區域
最可愛的時候	一年四季都可愛

◆ 叢狀生長的水芙蓉是浮水性植物，栽培的容器要比植株深寬，使根系和葉片健康的成長，一口碗或是一個馬克杯，就能盛裝一天的綠意。找一個大一點的盆器，大小多株一起合栽更顯活潑可愛。

◆ 水芙蓉葉片背面佈滿
細密的茸毛。

請你這樣照顧我

1. **陽光**：水芙蓉對於光線適應力強，光線明亮充足的環境生長最為良好，葉片會長得較為健康大片；半蔭室內的環境，生長速度較為緩慢，葉片較小，室內儘量靠窗邊栽植。

2. **水栽**：水芙蓉只需水栽，以自來水栽培即可，也可到園藝店、水族店購買除氯和添加營養劑的專用水來栽培。通常1星期換水1次，每次換水只換1/2新水量。水芙蓉為羽狀根系，栽培時找一個比較寬的容器，可以使根部順利伸展開來，水的深度在5公分以上最佳。

3. **施肥**：水芙蓉不需要特別施肥，如果希望長得更大更美，可每月施用少量稀釋調勻的速效性肥料1次即可。

5. **特殊呵護**：

   水分蒸發需補充：夏天水分蒸發快，看到水位下降即補充水分。

   枯葉隨時剪除：水芙蓉的老葉會變枯黃顏色，隨手修剪掉，才能保持植株翠綠鮮活的美姿。

   小心水族偷吃根：如果把水芙蓉栽培在有養魚蝦龜的池塘裡，水芙蓉的鬚根很可能會被吃掉或是「玩」掉，所以儘量以浮水盆器或砌石隔離開來栽培。

   寒冬入室來：水芙蓉不耐寒冷，天氣轉涼進入秋冬，葉片容易黃化，可移到室內有燈光或有陽光的窗邊來過冬。

◆ 陽光照耀下，水芙蓉特別鮮綠有朝氣。

可愛植物 才藝秀

綠油油的花形小船：水芙蓉的葉叢如花形，看來像是綠色的花朵，放幾朵漂浮在潔淨的水面上，夏天看了讓人感覺十分清涼暢快，彷彿朵朵水中花。家中有小朋友也可以放幾個水上玩具在水缽裡和水芙蓉作伴，更增添觀賞的樂趣。

水芙蓉生Baby

水芙蓉多以走莖繁殖，只要日照充足，水質乾淨，葉叢側邊會長出一條條走莖，走莖另一端有小株的水芙蓉baby，剪開連接的走莖，水芙蓉寶寶就能獨立成長了。

花園遊戲

風力船競賽：
摺一艘小紙船，拿一株水芙蓉，把它們都放在裝好水的浴缸或大盆裡，然後找一個比賽的玩伴，各自負責呼氣吹動水芙蓉和紙船，看哪一艘船開得快？也試試看大的水芙蓉和小株的速度有什麼差別？

尋寶Q&A：
其他適合居家栽培的水生植物還有哪些？
適合居家栽培的水生植物還有較小型的「浮萍」、「槐葉蘋」，中大型的「袖珍蓮花」、「布袋蓮」、「莎草」等，都可運用來佈置水盆或池塘造景。

眨著綠眼睛的吃蟲怪

捕蠅草

捕蠅草為稀有的肉食植物之一，新葉從中心生長，越外圈的就是越老的葉片，有些品種的捕蠅草葉內側因消化腺體作用呈現淡紅、酒紅色，有些則為黃綠色。目前已從野生植物引入作為可愛園藝，也是學校自然科學的熱門教材呢！

捕蠅草

學名	Dionaea muscipula
英名	Venus's Flytrap
綽號	捕蟲夾
族譜	毛氈台科多年生草本植物
家鄉	北卡羅來納洲
最厲害的時候	春～夏季生長最旺盛

◆ 哇！一物克一物，遇到恐龍我就真的沒輒了。

◆ 你的睫毛有我的長嗎?只要小蟲碰到我長長的觸角一兩次,我的關閉機制就會啟動了。

請你這樣照顧我

1. **陽光**:捕蠅草需要全日明亮的陽光,但是在夏季要遮蔭,避免強光直射灼傷捕蟲葉。

2. **土質**:泥炭土加少量珍珠石或細砂石,混合成排水良好的栽培土最佳。

3. **水分**:捕蠅草喜歡潮濕土壤,春～秋季每日澆水1次,冬季2天澆水1次即可。澆水時不要淋到葉片葉夾。

4. **施肥**:春～夏季生長旺盛,把液肥加水稀釋後噴灑在葉片上,約每2星期1次。秋末～冬季停止施肥。

5. **特殊呵護**:

   除老葉添新兵,及早剪花免虛脫:捕蠅草的每個葉夾壽命約有數星期,老化後逐漸變黃失去捕蟲能力,就連葉柄修剪掉吧!開花期最好欣賞一下,就及早連整個花莖都剪掉,以減少養分消耗。

   冬季衰弱要保護:捕蠅草在寒冷的冬季會逐漸凋萎失去捕蟲力,等翌年春天來臨會再度抽長新葉,這段時節要放在可避風寒的位置。

   雨天要避雨:下雨天可將捕蟲草盆栽移到屋簷下或室內有光線處躲雨。

   抓不到蟲蟲時:若栽培在室內較難捕捉昆蟲的環境,可用少許果皮放在捕蠅草附近,招來一些小蟲,也可用肥料方式補充營養。注意!捕蠅草只吃活的昆蟲,且昆蟲不能比捕蠅夾還大,否則易造成捕蠅夾損傷。

◆ 捕蠅草株叢是從中間向外長出,嫩葉較小,老葉較大,當老葉凋萎變黃,連葉柄一起剪掉即可。

◆ 我是小昆蟲的最佳捕手,看看我的捕蟲莢多厲害。

捕蠅草生Baby

專業園藝培育多為授粉法或是分株法來進行繁殖培育,一般居家要自行繁殖並不容易,購買現成盆栽較方便,如果栽培照顧得好,捕蠅草可以存活數年之久。分株時,把母體連根連瓣連葉柄和捕蟲器小心剝開成2～3份,分別種在盆器裡即可增多盆數。

可愛植物 才藝秀

特殊的捕蟲機關:捕蠅草細長的部分其實是葉柄,每一葉柄再延伸生長出兩片葉構造,葉內側分泌特殊黏液,葉片邊緣有長長的刺狀構造,觸覺非常敏感,受到昆蟲或外物觸碰就會閉合交錯起來,昆蟲被包覆在裡頭慢慢被消化液分解,成為植株的養分。

花園遊戲

動動腦,動動手:
捕蠅草像什麼?
像眼睛、蚌殼、棒球手套、像夾子,還像什麼?
捕蠅草在還未捉到昆蟲前,捕蟲夾通常以多少度角開著呢:
參考答案:大約60°。
你栽培的捕蠅草夾子最大的有幾公分?:
參考答案:通常3～4公分的捕蠅夾就算很大尺寸了。

尋寶Q&A:
還有什麼葉片狀的捕蟲植物呢?
再去拜訪一下「毛氈苔」吧!一種看起來更秀氣的細葉狀捕蟲草,不過它的抓蟲功夫也是毫不客氣喔!

看看我葫蘆裡賣什麼藥

豬籠草

豬籠草瓶子狀的奇特葉片厚肉質狀構造，翠綠的莖枝上呈直挺或是下垂狀，從葉片的中央葉脈向葉尖延伸一條長長的捲鬚，捲鬚端部還長成一個瓶子狀的捕蟲袋，更有像是蓋子的小片狀，可說是植物中超酷的食蟲植物。

豬籠草	
學名	Nepenthes spp.
英名	Pitcher Plant
綽號	捕蟲草、葫蘆草
族譜	豬籠草科多年生草本植物
家鄉	菲律賓、馬來半島、錫屬、北澳洲
最厲害的時候	春～秋季生長最旺盛

◆ 我可不是一般的江湖郎中喔，看看我葫蘆裡賣得是什麼藥？

請你這樣照顧我

1. **陽光**：豬籠草一般都喜歡明亮的陽光，有些品種在稍蔭庇處也能生長良好，有些則需要明亮柔和的陽光才能使瓶身變紅或顯現斑紋。在購買時可詢問花商其品種和對光線的需求。

2. **土質**：土壤中混合水苔、蛇木屑、砂，可增加排水性和通氣性。

3. **水分**：豬籠草喜歡空氣濕度高的環境，但是澆水時土壤不可太潮濕，否則容易腐爛，每日澆水1次即可，夏季除了澆水，可在植株附近噴灑一些水霧，增加空氣濕度，但不要直接對著瓶葉噴。

4. **施肥**：如果捕蟲情況良好，昆蟲本身已提供植株養分，無須特意施用肥料，如果環境缺乏小蟲，可用肥料補充養分，約1個月施用一次有機肥。

5. **特殊呵護**：

   適當扶撐保護捕蟲袋：可設立竹枝當支柱，然後以繫繩綁繫固定莖枝，使植株向上發展，捕蟲葉瓶才不會碰到潮濕的土壤而導致腐爛。

   夏季要避暑：夏天尤其要注意通風流暢，陽光太強烈時要有適當的遮蔭，避免烈日直射。

   冬季要防凍：豬籠草怕冷，冬天要有防風措施，若以盆栽栽培可移到較溫暖的角落或溫室來避寒。

◆ 豬籠草袋子上方有一片像是蓋子特殊構造，蓋子和袋身質地粉嫩薄透。

◆ 捕蟲袋的大小、形狀、顏色，隨品種有多樣風貌。

豬籠草生Baby

豬籠草的繁殖多採用扦插法或是壓條法，由於需要比較專業的技術和栽培環境，一般居家賞玩多買現成栽培好的盆栽最方便。

可愛植物 才藝秀

1. **吊著瓶袋的怪植物**：豬籠草這些像是瓶子又像是葫蘆的葉片構造，可引誘昆蟲落入袋內，袋子裡頭分泌消化液，逐漸將昆蟲消化分解，吸收成為植株的養分。

2. **品種繁多驚奇不斷**：豬籠草的品種很多，有台灣原生種的豬籠草，也有引進栽培的其他園藝品種，如綠豬籠草、大豬籠草、紅唇豬籠草等。每種品種的葉形、葉色、捕蟲袋袋形各有特色。

 +  =

花園遊戲

寵物觀察：

你的豬籠草袋最大和最小的有幾公分？

樣子比較像葫蘆、曲線水瓶、牛奶壺，還是燒酒瓶？

它的袋口形狀屬於秀氣的櫻桃小嘴，還是貪婪的厚唇大口族呢？

尋寶Q&A：

還有瓶子狀的捕蟲植物嗎？

找找「瓶子草」吧！瓶子草的變形葉片也是形成瓶身狀，不過形狀比豬籠草細長。栽培環境有明亮強烈的陽光和潮濕的土壤才會長得健康，顯現其花紋。

大紅大吉好彩頭
大櫻桃蘿蔔

年節常看見販售的「好彩頭」，其實就是「櫻桃蘿蔔」。地下膨大的根部是最可愛的部分，配上翠綠的葉叢，讓人感覺喜氣洋洋。「大櫻桃蘿蔔」直徑多在8～12公分，用來當野菜食用的櫻桃蘿蔔多為「小櫻桃蘿蔔」品種，直徑約3～5公分。

大櫻桃蘿蔔

學名	Raphanus sativus
英名	Radicula Radish
綽號	小根蘿蔔、紅菜頭、二十日蘿蔔
族譜	十字花科一年生本植物
家鄉	歐洲
最厲害的時候	秋、冬、春季生長最旺最豐收

◆ 乳牛和小虎今天大豐收，載回一顆超級大蘿蔔！

◆ 過年節慶時販售吉祥的紅色蘿蔔盆栽，有些艷光閃閃，查看整棵蘿蔔是否顏色不均勻或是土面和土下的部分兩節顏色，就可知道是否有被花商塗過亮光劑，純觀賞，別食用。

請你這樣照顧我

1. **陽光**：育苗階段必須在戶外充足陽光的環境，以利根部儲蓄足夠的養分發育膨大，當根部飽滿，顏色變鮮豔，才可移入室內有漫射光的地方作擺飾。

2. **土質**：栽培櫻桃蘿蔔宜用鬆軟、通氣性佳，排水良好的砂質壤土為佳，且土壤必須有比根莖更深的土深，才能生長得健康碩大。

3. **水分**：成長期間1～2天澆水1次，陰雨天2～3天澆水1次，等根部膨大後就逐漸減少供水，水分太多根部容易開裂。市售現成長好的大櫻桃蘿蔔3～4天澆少許水即可。

4. **施肥**：種植前在培養土裡可以先混合一些有機肥，葉子茂盛後可開始施加磷鉀肥，促進根部發育。

5. **特殊呵護**：

   換盆繼續長大：如果看見蘿蔔根部膨起已逼近盆器邊緣，換盆可再繼續長大，不換盆則有限制效果，生長會停滯。

   夏季轉弱可淘汰：櫻桃蘿蔔屬於冷涼季節作物，秋、冬、春季觀賞後，如果夏季生長逐漸衰弱變醜，可予以淘汰。市售多添加生長劑或染色，所以並不建議食用。

櫻桃蘿蔔生Baby

大櫻桃蘿蔔多以「種子」繁殖，每個點播種種3～5粒種子，間隔約20公分，土深約30公分以上，等發芽後每個播種點只保留一株最強健的栽培長大。

可愛植物 才藝秀

鮮豔圓潤超可愛：櫻桃蘿蔔形狀如圓球狀或橢圓型，依品種不同有大小之分，外皮顏色多呈櫻桃般的豔紅色，因此稱為稱為「櫻桃」蘿蔔，可食用，切片生吃、涼拌作沙拉、鹽漬成小菜都很爽口，也具有觀賞價值。

花園遊戲

來盤「櫻桃小蘿蔔」餐：

小櫻桃蘿蔔看起來可愛又美味，選一個寬長盆器或是花缽來栽種，土壤中混入一些緩效性有機肥，一次多播撒一些種子，間距約5公分，覆蓋上一層薄土，放在明亮處每日澆水，等根徑長至2～3公分時，20天左右就可採收了，所以也稱為「二十日蘿蔔」。把採收的球根清洗乾淨，連皮切薄片，搭配其他生菜、水果和淋醬作成沙拉，或是拌入義大利麵增添口感就是花園裡最好的美食囉！

尋寶Q&A：

十字花科其他的大、小蘿蔔頭：

十字花科裡蘿蔔類除了鮮豔的櫻桃蘿蔔，還有潔白的「白蘿蔔」、綠皮白肉的「青蘿蔔」、超級無敵大又圓的「無菁」等，每一種依產地和品種還有形狀和色澤上的差異呢！

辣椒紅了，快摘給媽媽作菜菜

觀賞辣椒

有別於家常使用的紅、綠長辣椒，觀賞辣椒依辣椒果的大小、形狀和顏色都各有不同品種，辣椒尾部都朝著天空生長，稱「朝天椒」，辣度屬「噴火級」。葉片呈翠綠長橢圓形，開花多為白色5片花瓣，果實顏色隨成熟度逐漸變色，全株非常繽紛可愛。

觀賞辣椒	
學名	Capsicum annuum
英名	Ornamental Pepper
綽號	五彩辣椒、玲瓏辣椒、朝天椒
族譜	茄科一年生草本植物
家鄉	熱帶美洲
最豐收的季節	春～秋季陸續結果可採收

◆ 家裡庭園種一盆辣椒，可觀賞，也可入菜，非常實用。

◆ 觀賞辣椒顏色繽紛，有黃、有橙、有紅，一顆顆朝著天空生長，看來可愛，不過辣度是屬高度噴火級的喔。

請你這樣照顧我

1. **陽光**：辣椒要栽培在整日陽光充足強烈的地方，最好是露天花園、菜園或頂樓花園，南向沒有遮擋的陽台亦可。
2. **土質**：一般市售栽培土，混合一些蛭石或細蛇木屑，可以增加排水性。
3. **水分**：成長階段每1～2日澆水1次，開花結果階段則需每日澆水，不可多日缺水。
4. **施肥**：辣椒需要肥料，幼苗期間可施用營養均衡的三要素肥或是速效肥，當開花期開始，就要改施用磷、鉀比例較高的速效肥，促進開花結果量。
5. **特殊呵護**：
   夏季通風、秋冬防風：炎熱的夏季要注意栽培環境需通風良好；秋冬要設立防風避寒措施。
   驅蟲方法：芽蟲很愛吃辣椒的植株嫩葉，要盡快把受到芽蟲侵害的枝葉修剪掉，或是用白醋或是大蒜壓成液，加5～10倍水稀釋後噴灑使用。

觀賞辣椒生Baby

觀賞辣椒多使用播種繁殖。利用春季播種，約1星期會發芽。可以買種子享受自己播種的樂趣，也可以直接購買已經開花結果的盆栽，邊採用邊繼續栽培。

可愛植物 才藝秀

1. **品種樣式繁多**：辣椒果實有球形、三角帽形、長條錐形、櫻桃形等，顏色由綠逐漸轉成黃白、再變成紫或橙色，最成熟通常是紅色。辣椒表皮具有光澤，顏色鮮豔，可採收食用也具有觀賞樂趣。
2. **含豐富維生素C**：辣椒家族維生素C豐富，有增加食慾之效，若沒有腸胃疾病，適度攝取辣椒不僅能開胃，對健康也有幫助。

花園遊戲

來作盤辣味小菜─芝麻拌辣絲：

材料：辣椒1～2顆（適量）、豆芽50g、海帶100g、白芝麻1小匙、醬油1大匙、醋1茶匙、鹽少許、糖少許。

做法：

1. 豆芽洗淨；海帶絲洗淨，切短段；都放入滾水中燙煮2～3分鐘，撈起沖涼水瀝乾。
2. 將辣椒洗淨切細絲，與豆芽、海帶絲混合後，加入所有調味料拌勻，再撒上芝麻即可品嚐。

尋寶Q&A：

猜猜哪一種高大的樹竟然會長像辣椒一樣的東西？

有一種樹木「橡樹」，葉片大而厚實，樹叢間可見一根根鮮紅色像辣椒的東西，許多人以為那就是紅辣椒，其實那是橡樹紅色捲狀的嫩葉芽。到植物園或路邊行道樹找找看，你一眼就會認出它。

綠髮白鬍鬚的瓶口植物

洋蔥芽

上頭是綠蔥，底下是洋蔥？這是什麼玩意呢？對於沒有看過整株洋蔥在泥土地上生長的人，這是株非常新奇有趣的小植物，其實洋蔥全株的模樣就是如此，不過用清澈的水來栽培，顯得又清爽又美麗了。

洋蔥芽

學名	Allium cepa L.
英名	Onion
綽號	球蔥、大蔥頭。
族譜	蔥科一、二年生草本植物
家鄉	亞洲中部
最可愛的時候	一年四季都可愛

◆ 把長得漂漂亮亮的水栽洋蔥放在桌上或廚房，做起事情心情更愉快。

◆ 洋蔥除了可以下廚料理，也是很美的廚房園藝喔，找個不會讓洋蔥掉下去的水杯，杯裡加水，把洋蔥球放在杯口，洋蔥底部可碰觸到水面，不久就會生根發芽囉！

◆ 洋蔥的鬚根非常白，尤其和紫色洋蔥球襯托起來更美，如果用很深的水杯栽培，鬚根就會長得很長，頗有白髮三千丈的氣勢。

請你這樣照顧我

1. **陽光**：栽培洋蔥芽無須強烈陽光，只要有明亮柔和的陽光或室內燈光皆可生長。

2. **水栽**：取一窄口瓶器或杯子裝水，把球莖架住，底部朝下貼到水面，放置數天會逐漸生根、抽綠芽，等鬚根長了3公分以上，水位就可以下降，不要碰到球莖底面，以免球莖長時間浸泡容易腐爛，只要鬚根泡在水中即可吸水。

3. **施肥**：洋蔥球裡本身就含有豐富的養分可供嫩芽生長，一顆洋蔥球約可維持一個月以上的生長期，所以無須額外施肥，尤其要把蔥芽採收下來食用的話，更不要施加化學性的肥料。

4. **特殊呵護**：

   室內窗邊栽培最佳：觀賞洋蔥芽很適合在室內栽培，選擇窗邊有明亮光線、通風好的位置，避免烈日直射和風吹雨打。

   避免悶熱發霉：長時間的陰雨天，或是炎熱的夏季，要特別注意栽培環境的通風是否良好，要避免潮濕悶熱，以免球底部接近水面的部分發霉腐爛，如果發現有輕微霉腐情形，可用清水洗淨後再放回瓶口。

洋蔥生Baby

如果光是欣賞蔥芽不過癮，想自行栽培洋蔥的話，要使用種子來繁殖，找一塊日照明亮充足的露地，用富含有機質、排水良好的砂質壤土來栽培，間距15公分左右，耐心等待3～4個月可採收。

可愛植物 才藝秀

1. **鮮色搭配清新又艷麗**：紫色小洋蔥有別於家常常使用的肥美黃白洋蔥，顏色鮮豔又比較特殊，發芽後嫩綠的葉色、白鬚根及紫色的蔥球顏色相映起來，鮮美又別致。

2. **優游水中白鬚根**：洋蔥用水栽培底部會長出白色鬚根，瓶器的空間越深越寬，鬚根就可以伸展越更好，要用透明的瓶器來栽培，才能欣賞到雪白鬚根的美姿。

花園遊戲

幫鬢髮小子剪頭髮囉：

洋蔥發綠芽除了觀賞有趣，當綠芽長高後還可採收下來當嫩料理食用，蔥芽高度約20公分就可剪下來使用，等再長高再採收，大約採收3～4回，球莖就會開始變得萎扁了。

尋寶Q&A：

洋蔥家族比一比：

洋蔥家族最常見的有「白洋蔥」、「黃洋蔥」，至於「紫洋蔥」較少見，這三種洋蔥都可以食用。白洋蔥水分多、莖肉細嫩，適合烹調煮湯；黃洋蔥水分較少，辛辣味較重，適用於烘烤；紫洋蔥則多用來作為料理配色使用。這些洋蔥都可以水來栽培出嫩綠的蔥芽，當成趣味小植物，各種一顆試試看它們發的綠芽有什麼不同。

維生素A冠軍的綠毛頭

胡蘿蔔芽

胡蘿蔔含有維生素A、B1、B2、C、E、胡蘿蔔素、葉酸等，營養豐富，被譽為「平民的人參」呢！作菜時把頭部切下一片加些水保持濕潤，這蘿蔔頭就會逐漸發芽，長出纖柔翠綠的詩意森林囉！

胡蘿蔔芽

學名	Daucus carota
英名	Carrot
綽號	紅蘿蔔、平民人參
族譜	繖形花科胡蘿蔔屬草本植物
家鄉	西亞、歐洲、北非、土耳其、阿富汗等地區

最可愛的時候
春～秋季栽培發芽生長最旺盛

◆ 胡蘿蔔的綠芽和胡蘿蔔一樣有益人體健康，觀賞之餘，拿來料理燉湯都不錯。

◆ 胡蘿蔔的葉片呈細羽狀，質感纖細，而且莖葉顏色都很鮮綠，是讓人一看就神清氣爽的可愛「廚餘植物」。

◆ 作菜切下來的胡蘿蔔頭別丟，這裡可是存有蓬勃的生機喔，放在淺碟子裡加少許水，讓胡蘿蔔頭底面可接觸到水，不久就會看綠芽逐漸生長出來，越長越高喔。

請你這樣照顧我

1.陽光： 栽培胡蘿蔔頭需要陽光柔和明亮的位置，有遮簷的窗邊或室內能受到漫射光的位置較佳。

2.水栽： 拿一個淺碟子加少許水，把蘿蔔頭切面貼著水放，大約淹蓋0.2～0.3公分左右的深度，水不要整個淹蓋，以免濕爛。每2～3天檢查一下水碟，維持水分供應即可。

3.施肥： 栽培胡蘿蔔嫩芽無須施肥，只要環境通風、水分不缺，生機就會源源湧現。

4.特殊呵護：

室內栽培免風寒： 胡蘿蔔嫩芽很纖細，最好擺在不受風吹的位置，以免細嫩的莖枝被摧折了。秋冬不妨都放在室內光線明亮的地方栽培，氣溫低的時節生長速度較停頓。

胡蘿蔔頭生嫩葉Baby
從胡蘿蔔頭部往下約1公分處橫切下來，把切面貼著水栽培，不久就會看到頭部冒出許多綠綠的發芽點，逐漸長出嫩莖和葉片。在購買胡蘿蔔時要挑選形狀直無彎曲、形體飽滿、表皮光滑、無萎縮或裂痕的優質品，培育出的小森林最美麗。

可愛植物 才藝秀

1. **翠綠纖秀的小森林：** 胡蘿蔔頭冒出的綠芽逐漸長高，莖枝和葉片都很纖細，顏色是鮮嫩的青綠色，擺在桌上當迷你盆栽，不僅風情萬種，而且多看它幾眼，可以舒緩眼睛疲勞喔！

2. **除了看還可以當小菜：** 胡蘿蔔發出來嫩芽嫩莖，除了觀賞，其實也可以食用，而且營養成分不輸給它的胖根喔！當莖葉長到約10公分高度，就可以剪下採收，淋洗乾淨，切細了作成涼拌、煮湯或與其他蔬菜一起炒食皆可，每個胡蘿蔔頭可以採收好幾次，如果家中人口多，就多栽培幾株吧！

花園遊戲

花園實驗室：
試試看，以同樣方式來照顧，看看進口經過冷藏過的胡蘿蔔頭是否還具有生機？能發出嫩葉嫩芽嗎？

尋寶Q&A：
白蘿蔔頭生長出來的小森林又是什麼模樣呢？
在市場也很容易購得白蘿蔔，把切下來的蘿蔔頭殘留的綠莖先修剪乾淨，和胡蘿蔔一樣的栽培法，看看白蘿蔔頭和胡蘿蔔頭發出的嫩葉有什麼不同。另外，胡蘿蔔還不只是常見的橘色而已，世界上各國品種多達百種以上，有白色、黃、紅、黑、紫等顏色，很不可思議吧！有機會購得也可試試它們孕育出的嫩芽有什麼不同。

地下老土變出綠森林

番薯芽

番薯可說是台灣的國寶，其營養成分在重視養生的時代更是超級人氣食材，無論地下根莖，還是土面上長的番薯葉，都是家常蔬食，如果一次買多了，久放也不吃虧，它會冒出一叢叢嫩莖綠葉，成為廚房可愛的觀賞植物。

番薯芽	
學名	Ipomoea batatas L.
英名	Sweet Potato
綽號	甘藷、地瓜
族譜	旋花科多年生草本植物
家鄉	熱帶美洲、墨西哥、瓜地馬拉等地
最旺盛的時候	春～夏季最旺盛

◆ 用眼睛欣賞的養生番薯餐。

◆ 番薯放久一點，芽點就會冒出紫紅色的嫩莖和翠綠色的小葉，在底部浸潤一裝水淺盤，自然就會形成一處茂密的小森林。

請你這樣照顧我

1. **陽光**：要讓番薯根塊發芽無須刻意照射陽光，通常放在廚房乾燥通風的地方，即使光線微弱，放久了有些就會冒出小芽頭，這時候再移到窗邊較明亮的地方讓它生長得更旺盛。

2. **土質幫助**：番薯塊一但冒出小芽，不用土栽或是水栽也能繼續生長，只是莖葉生長得較慢、較稀疏，如果把根塊埋一部分到土壤，或是放在淺盤中加少許水增加濕度來栽培，就會長得比較旺盛。

3. **施肥**：培育番薯小森林不用施加肥料，讓它自然萌發，更能感受到自然的生機。

4. **特殊呵護**：
   注意通風和避風雨：番薯小森林因為莖葉幼嫩，栽培環境最好在室內，不受風吹雨打，但明亮又通風良好的環境最適合。

番薯生Baby

番薯多用「種薯」或「分蔓」繁殖，適合在春、秋進行，雖然是生性強健的植物，但是由於要有露天的田園和深厚的土壤較適合番薯生長，所以多由鄉下農家專業栽種，都市栽培比較不方便，買現成的最快囉！

可愛植物 才藝秀

1. **紫莖綠葉變美麗**：番薯的根塊看起來土黃土黃的，其貌不揚，不過當它的發芽點逐漸冒出艷紫的莖枝，伸展開一片片綠色，讓人眼睛一亮，不得不讚嘆它醜小鴨變天鵝的超級生機。

2. **根塊葉片都可吃**：番薯含有豐富的營養，如醣質、維生素A、B群、鈣質、纖維素等成份，刷洗乾淨連皮蒸烤或煮粥吃營養更完全；番薯葉也是防癌的優質葉菜，汆燙配上蒜蓉淋醬超美味。

花園遊戲

吃吃看這樣的番薯葉：
市場上販售的番薯葉因為使用土壤栽種，而且特別施肥照顧，吸收豐沛的營養，所以葉片長得很大。觀賞用的蕃薯芽靠自己的根塊孵出的小芽小葉，相形之下真是小巫見大巫，但是滋味如何呢？當它的小森林長得茂密時，不妨採收下來，略加巧手烹調嘗嘗看。

尋寶Q&A：
番薯家族的各形各色：
番薯的品種繁多，外皮有黃皮、紅皮、紫皮，肉色有乳白、淺黃、金黃、紅肉、紫肉，依葉色來分，有青葉、紅葉、紫葉等品種。多嘗嘗不同品種，看哪一種滋味甘美，也讓它們發芽比一比看看誰的森林最茂密。

廚房
可愛食蔬

超級無敵的香甜誘惑

草莓

草莓在冬天結果的
盛產期，與各種
點心、餐食結合
的「草莓季」料
理，讓所有人都沉
浸在濃郁香甜的氣
息中。居家盆栽栽
培時，要把一顆顆
懸垂的果實撥出盆
外，避免果實接觸
到土壤而腐爛，而
且也便於欣賞這誘
人的好姿色。

草莓	
學名	Strawberry
英名	Fragaria ananassa
綽號	小紅帽果、吊果莓
族譜	薔薇科多年生宿根草本植物
家鄉	美洲等溫帶地區
最好吃的時候	
秋冬～翌年春天為開花結果期	

◆ 栽培第二年了依然結出不
少果實，我很多子多孫吧！

請你這樣照顧我

1. **陽光**：栽培草莓要陽光充足的環境才能生長良好，全日照的南面、東南面的花園、陽台較適合。但夏季要有遮陽措施，才能讓草莓順利熬過酷暑。

2. **栽培土質**：使用富含有機質、疏鬆、排水良好的土壤。

3. **水分補給**：1～2天澆水一次，不可積水，否則容易根部腐爛。澆水時要把葉片掀開澆在土壤上，避免淋到葉片和果實。

4. **施肥**：定植時，培養土裡混合一些有機肥或緩效性肥料，每2星期施用三要素肥（含氮、磷、鉀成分），進入開花期，則改用磷鉀肥促進開花結果率。

5. **特殊呵護**：
   用盆栽栽培時，要把莖和果實撥出盆外，不要接觸到泥土面，否則果實會爛掉。如果在花園菜園栽種草莓，植株周圍土壤面要鋪上塑膠布，讓草莓與土壤隔離開，防止潮濕腐爛。且結生草莓果的期間，要注意設立隔網措施，小心鳥兒搶先來偷吃喔！
   雨天一定要有避雨措施，或是移到屋簷下。
   夏季酷暑是草莓的難關，一定要有半遮蔭環境，才能順利熬過夏天，邁向第二年的豐收期。

◆ 我又香又甜美，呵呵！誰能抗拒我的誘惑。

香甜草莓生Baby

草莓主要以「幼苗」繁殖，成熟的植株長出一條條「走莖」，每一段都會長出一叢葉，這就是繁殖草莓寶寶的幼株，把幼株貼近土壤等長根定著後，再剪斷連著它的兩端走莖，就可以獨立栽培了。

可愛植物 才藝秀

1. **清新白花三出葉**：草莓花白色黃蕊，花瓣圓潤，模樣清新可愛；葉片呈每三片一組生長，稱為「三出葉」，白花、綠葉加上果實由白轉紅的變化，生長過程很有觀賞樂趣。

2. **點心料理美味多**：草莓食用方式很多，新鮮吃、作沙拉、果醬、打牛奶、作冰淇淋、蛋糕、釀草莓酒，還可以搭配肉類排餐作有果香的醬汁呢！

花園遊戲

料理美味植物：「香濃草莓牛奶DIY」
超簡單三步驟：

1. 草莓去除蒂頭，清洗乾淨，果肉略切塊，保留1匙果丁備用。
2. 鮮奶與草莓4比1的比例準備好。
3. 放入果汁機裡攪打均勻，倒入杯中，加入碎草莓果丁略調拌即可品嘗。

尋寶Q&A：
美味小漿果推薦—小番茄：
還想在居家花園種食用小漿果嗎？可以考慮「小番茄」，果實和草莓一樣鮮豔可愛，品種很多，滋味豐富，無論生吃、入菜，食用上的變化也很多喔！

我吃桑果，蠶吃葉

桑椹

桑椹原產於溫帶地區，品種約有十餘種，最高可達6公尺以上，矮生種長至30公分以上。桑椹花為黃綠色，雄花呈柔荑花序，雌花為穗狀花序，有些花雌雄同株有些異株；果實剛結生時由青綠色逐漸轉成紅色，再轉為紫黑色。

桑椹	
學名	Morus alba L.
英名	Mulberry
綽號	蠶仔樹、鹽桑樹、小葉桑、台灣桑
族譜	桑科桑屬，落葉灌木或小喬木
家鄉	北半球溫帶地區、中國、日本等地
最好吃的時候	花期在春季，春～秋季陸續結生果實可採收

◆ 餐桌上擺一盆結果小盆栽，不但賞心悅目，而且令人胃口大開。桑椹可以生吃，也可以打果汁、作果醬，用途多多，對健康很有幫助。

◆ 桑葉也是餵養蠶寶寶食材，家裡有桑樹，可以讓孩子養幾隻蠶，增加自然生態觀察的機會。

◆ 紫黑色的桑椹比較甜，給媽媽吃，青紅色的比較酸，我自己吃。

請你這樣照顧我

1. **陽光**：栽培桑椹需要陽光充足明亮的環境，稍微蔭庇處也可生長，但結果量會減少。
2. **土質**：桑椹栽培土以肥沃、排水良好的砂質土壤最適合。
3. **水分**：每日澆水1～2次，尤其結果期間土壤不可多日乾燥，也不能澆水過多導致積水。
4. **施肥**：每一季節施用1次有機肥，春、夏果實收成期逐漸過去後，即可停止施肥。
5. **特殊呵護**：
   秋季修剪好修養：桑椹為落葉植物，秋冬季植株會開始出現落葉現象，因此可趁此時整枝修剪，保留地面上100公分左右高度即可，這樣可減少養分消耗，也能促進來年發新芽新枝。

桑椹生Baby

桑椹多以老枝條扦插法繁殖，取老熟的枝條中間一段約15公分長，在春季斜插在土壤中，澆水保濕，放在陰涼處，約3～4週可以發根成苗。由於培植新苗較需專業技術，一般家庭栽培直接買現成盆栽最方便。

可愛植物 才藝秀

1. **特殊的聚合果實**：桑椹的果實是一種特別的「聚合果」，是由單一的一朵花裡有許多的雌蕊各自發育成一顆顆小果實，又共同組合成為一顆大果實，在桑椹果實的表面大約由60～100顆小果粒聚合而成，這和模樣相似的葡萄並不相同，因為這些緊密的小果粒可不容易分開。
2. **健康美味又入藥**：桑果含豐富的鐵質、葡萄糖和維生素A、C，對健康很有益處，被譽為「長生果」。在補身藥用上，果實多作為婦女產後補品，乾燥後的嫩桑葉、桑枝則可多用來熬汁作為生津止渴的茶方，桑葉曬乾還可用來作為安眠的枕頭呢！
3. **蠶寶寶的食葉**：現代許多小朋友把蠶當寵物飼養，桑葉就成為了餵養蠶寶寶的好葉材。

花園遊戲

桑椹果醬DIY

材料：成熟桑椹600g、細冰糖250g、檸檬1個、水150c.c

做法：

1. 桑椹果實洗淨，以紙巾吸乾表面水分，略為切碎，與細冰糖混合調拌均勻，醃漬30分鐘；檸檬洗淨切開，擠出果汁備用。
2. 將醃漬過的桑椹和汁倒入鍋中，加入水和檸檬汁，中火煮至滾沸，再調小火煮至濃稠狀，放涼即成。

尋寶Q&A：

和桑椹一樣是聚合果的水果有哪些？

長得很像桑椹但較短圓的「黑莓」、體積超大的「菠蘿蜜」和麵包樹的果實「麵包果」、香甜的「草莓」、「鳳梨」、「釋迦」等，都是屬於聚合果，看看它們表面是不是都有眾多的顆粒感？然後嘗嘗看它們不同的好滋味吧！

迷你花園1

魔術口袋花園

吊袋猴的每個魔術口袋裡，
都會開出各色各樣美麗的鮮花喔！

◎佈置素材
找來有幾個口袋的吊袋玩偶，或
是收納用的掛袋也行，把尺寸相
符的盆器底部先套上一層塑膠袋
避免沾污掛袋，然後把盆栽放進
袋吊的每個口袋裡就成了。
　參與示範的小草花
孔雀菊、粉紅美女纓、宮燈百
合、紫花美女纓。

俄羅斯娃娃花園

大娃娃裡有小娃娃，小娃娃裡頭有更小的娃娃，

每個娃娃打開來都是一個盆器，

可以依照大小容量栽培各種大小的植物。

佈置素材

準備一組俄羅斯娃娃，通常由5
個大小不同的娃娃套裝而成，每
個娃娃上身和下身可以拆開來，
挑選幾種可以種進娃娃底座裡的
植物，就可以營造出屬於俄羅斯
風情的娃娃花園了。
參與示範的小草花
陸蓮花、五彩石竹。

抽屜百寶盒

迷你花園3

一個別致的木製與陶燒的收納抽屜，在裡頭加些水，
隨興的插上花葉或小型水生植物，顯得更加活潑有生命力。

● 佈置素材
準備一個有多個抽屜的小收
納箱、一些插花材和葉材，
或是小型水生植物、多肉植
物、仙人掌等，就可以佈置
成錯落有趣的抽屜花園了。
參與示範的小草花
陸蓮花、楓葉天竺葵、五彩
石竹、孔雀菊。

迷你花園4 小熊的推車行動花園

哇！草地上開了許多小野花，
我們再推一車鮮豔的家花來，
把花園變得更熱鬧更可愛！

佈置素材
木製手推車或洋娃娃的小推車，都是
很好的基本容器，裡頭裝進幾個小
型盆栽，就是滿車的豐收喜悅了。
參與示範的小草花
報春花、孔雀菊、細葉捲柏。

可愛再推薦

細葉卷柏─綠色捲毛地毯
學名/Selaginella apoda
族譜/卷柏科多年生草本植物
最可愛的時候/全年觀葉

細葉捲柏也稱綠卷柏，有直立性和匍伏性兩種，迷你品多為低矮2～4公分高，
總是讓盆器佈滿綠意。葉片如細小鱗片，整盆看起來質感細緻，有捲曲感，顏
色鮮綠很有朝氣。
栽培重點：在有遮蔭光線柔和處、潮濕通風的環境，以肥沃的腐質土，每日噴
水霧保濕，每月噴灑稀釋的液肥。

野餐食玩小花園

迷你花園5

帶著鮮花、水果和點心，邀請好朋友一起來野餐吧！

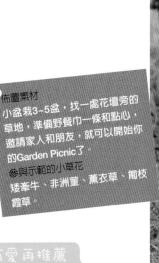

佈置素材
小盆栽3~5盆，找一處花壇旁的草地，準備野餐巾一條和點心，邀請家人和朋友，就可以開始你的Garden Picnic了。
參與示範的小草花矮牽牛、非洲堇、薰衣草、匍枝霞草。

可愛再推薦

匍枝霞草─花園裡的滿天星
學名/ Gyposphila repens
族譜/ 石竹科─二年生草花
最可愛的時候/ 秋～翌年春季
匍枝霞草也稱「滿天星」（和切花材滿天星不同），主要作盆栽觀賞，開花時千百朵粉紅或淡紫的小花綻放開來，非常繁盛，全株質感細緻，有蓬鬆感。
栽培重點： 明亮柔和的日照，一般市售栽培土，以尖嘴壺澆土每1～2天澆1次，避免風吹雨打。

積木別墅小花園

我的家庭真可愛，歡樂小車隊要去傳播美麗和芬芳囉！

佈置素材

玩具積木車隊組和房屋組，再加上幾個最迷你的小盆器或是小杯子，加水插上一些切花、野花排列，就可以開始傳播芬芳了。

參與示範的小草花

楓葉天竺葵、五彩石竹、常春藤。

109

快樂水族植物園

小型的玻璃皿、水族缸，就是水中植物的樂園，水蘊草、金魚藻、
銅錢草（水中品種）、雪花草等等，都是易活好照顧的水中植物，
放幾條小魚一起養更活潑吸引人。

佈置素材

到水族店挑選幾種你喜歡的水草，還有用來當栽培基質的珊瑚砂，以及裝飾用的貝殼、玻璃動物裝飾品、小房屋，還有能浮起在水面的裝飾假魚、潛水夫等玩意兒，就可佈置出多采多姿的水中植物世界。

記得要在魚缸或是玻璃容器裡加入除過氯的清水（也可到水族店買適合養魚和種水草的水，或是在自來水裡添加少許「水質安定劑」改善自來水質，此藥劑可詢問水族店作專業推薦）。還有一點，繽紛彩色的各種細石多經過染色，對水草和魚的健康都有負面影響，建議購買天然的珊瑚砂或無染色的細石來作為栽種水草的介質。

參與示範的小草花

金魚藻、水蘊草、雪花、銅錢草。

好種好養的水草4天王

水蘊草——超好種水中植物

學名/Egeria densa(Willd.)Planch.
族譜/水鱉科沉水性草本
最可愛的時候/全年

水蘊草是一種沉水性植物，葉片寬薄，墨綠色，是養魚水族箱中最常用來佈置的水草之一。好栽易活，耐污染性強，既能美化水中景觀，也有淨化水質的作用喔！

栽培重點：在水箱中以土壤或珊瑚砂固定根部即可生長，放在有陽光或燈光的地方栽培。

金魚藻——纖細優雅如松針

學名/Ceratophyllum demersum L.
族譜/金魚藻科沉水性草本
最可愛的時候/全年

金魚藻質地纖細分枝多，每莖節處細葉輪狀生長，葉子細看呈細緻的松針狀，所以也稱「松藻」，5～10月是花期，如果照顧良好，可以欣賞到金魚藻開花的景觀。

栽培重點：在水箱中以土壤或珊瑚砂固定根部，陽光或燈光要明亮，喜歡乾淨的水，每週換水1次即可。

銅錢草——水陸兩棲超厲害

學名/Torilis japonica（Houtt.）DC.
族譜/繖型科水生植物
最可愛的時候/全年

銅錢草在近年非常熱門，葉片長得像圓圓的錢幣，油綠翠亮很討喜，品種多，可以以土壤栽培，也可當挺水植物，或是沉在水中當水族箱的水草也行喔！

栽培重點：以潮濕的土壤或水盆栽培，保持潮濕很重要，以土壤或細石固定根部，陽光或燈光需明亮。

雪花——水中世界的美麗冰晶

學名/Hottonia inflata
族譜/櫻草科沉水植物
最可愛的時候/全年

雪花，很美的名字吧！屬於櫻草科沉水植物，原產於南美溫帶地區，從植株的正上方來欣賞，就會發現纖細的葉子生長排列的形狀，就像是冰雪結晶的圖案，非常優雅呢！

栽培重點：以土壤或珊瑚石固定根部，放在陽光或燈光明亮充足的地方來栽培。

迷你花園8　1.2.3，學步鞋的溫馨回憶

孩子童年的鞋子捨不得丟，別急著網拍，這可是很獨一無二的花器呢！找些極小的酒杯、迷你盆器放進鞋口裡，加些水插上各式各樣的小花，就是充滿回憶與祝福的組合花園了。

佈置素材

把收藏的孩子小鞋都拿出來吧！從嬰兒期的學步鞋、學齡前的可愛涼鞋、小皮鞋、小靴子，也許還有小雨鞋，再找幾個小型杯子器具放進鞋口，加些水，插點花草，家裡立刻就會洋溢溫馨的親子情感。

參與示範的小草花
孔雀菊、紫花美女櫻、報春花、粉紅美女櫻。

可愛再推薦

報春花—春天來了我最知
學名/ Primula malacoides
族譜/ 報春花科一年生草本植物
最可愛的時候/ 秋末～春末
初春招牌花卉之一就是報春花（圖中第三位），放射狀的葉叢中挺出一枝花莖，莖頂開花數朵，黃、白、粉紅、桃紅、大紅多種鮮豔的花色，洋溢著春天的喜氣，還有雙色品種，對比色彩更顯可愛。
栽培重點： 明亮柔和的光線，疏鬆的土壤，每天澆水1次。

沙灘游泳圈花園

洋溢沙灘海洋風味的小花園，
想種些多肉植物、仙人掌，
或是像熱帶魚般鮮豔的
四季草花都可以搭配，
再點綴上玩沙鏟、小水桶就成了。

佈置素材
鋪上一層貝殼砂或是海水藍的
布塊，吹起一個游泳圈，點綴
上多肉植物或是四季草花，再
綴上大大小小小貝殼，就是輕
鬆愉快的海洋風尚花園了。
參與示範的小草花
葡枝霞草、非洲菫、矮牽牛。

可愛再推薦

非洲菫－室內可愛小品花
學名/ Saintpaulia ionantha
族譜/ 苦苣苔科多年生植物
最可愛的時候/一年四季
如果泳圈花園作室內造景，非
洲菫是不錯的選擇，耐蔭性
佳，花期全年絡繹不絕，色
彩豐富，有白色、粉紅色、桃
紅、紫色、雙色混合、鑲邊，
另有單瓣和複瓣品種，而且靠
一片葉子就能繁衍新株寶寶
喔。
栽培重點： 光線柔和遮蔭處栽
培，疏鬆排水良好的土壤，以
尖嘴壺澆土每天澆1次，花期
間補充磷鉀肥。

113

花草想變裝，打扮素材多

讓你的盆栽就是這麼獨家風格

1.花草想變裝，打扮素材多　家裡的瓶·罐·杯·盆都上場

◆找個充滿童趣的小盆器，信手拈來一枝野花、小草插著，也能為心靈帶來無窮活力。

◆澄澈的玻璃瓶裝入彈珠倍感清涼，也讓人想起兒時的彈珠汽水。

◆寒冬時節有些花草也怕冷，加件外套又炫又保暖。

◆各種玩具、飾品，運用巧思都可變成可愛花器。

◆透明玻璃器皿特別具有清爽宜人的感覺，而且不搶植物風采。

◆各種尺寸的素燒盆、釉彩盆，具有樸拙之美，樣式傳統卻很實用。

◆把盆栽套入兒童背袋，可以營造出意想不到的趣味感，哪天就讓孩子背著小桑椹樹去野餐吧！

花草的衣櫥—植物也愛穿衣服

◆家中孩子的舊褲子、手套、襪子、小鞋、毛線帽、小背包等,都可用來套在盆器外,既可裝飾增加趣味,在冬天也是幫盆土保溫,使植物根系防寒的好方法。

◆洋娃娃的衣服,拿來給花瓶穿也很別出心裁。

栽培土的愛面子化妝術

在盆器中填土栽種了植物,會隱約看到根莖邊緣有一圈褐色光禿的土壤,尤其直立型、單幹型的植栽,沒有葉叢的掩飾,土壤面赤裸裸的露出來,除了不夠美觀,還會產生澆水時沙土噴濺的問題,如果在植物莖幹周圍裸露的土壤表面,鋪上一些可以透水、鎮壓,又有裝飾美觀效果的材料,就能一舉三得啦。

◆剔透多彩的彈珠人見人愛。

◆稀有珍貴的美麗礦石多當成招財風水石,拿來妝點植物增添不少貴氣。

◆藍白透明與磨砂效果的玻璃石,能夠讓盆栽或水栽植物顯得更清涼,水感動人。

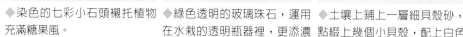

◆染色的七彩小石頭襯托植物充滿糖果風。

◆綠色透明的玻璃珠石,運用在水栽的透明瓶器裡,更添濃厚綠意,而且還多了些透亮靈巧感。

◆土壤上鋪上一層細貝殼砂,點綴上幾個小貝殼,配上白色的盆器,立即顯現輕鬆休閒的海洋風情。

貼紙法

◆貼紙、雕花貼紙，或是夜晚會發光的夜光貼紙，都可以快速讓盆器從單調變豐富。

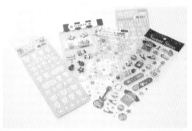

繞彩繩

◆纏繞一些彩色線條也是好主意，順著盆器的曲線由上到下纏繞彩色絲線、毛線、細麻繩、珠串

鍊子等線材，可以改變盆器表面的顏色、質感和觸感，看起來煥然一新。

穿鈴鐺

◆盆器也會唱歌喔，把一條橡皮筋剪開（也可依長度需要使用鬆緊帶），或用其他方便取得的

細繩穿上大大小小、五彩繽紛的鈴鐺，就可以在賞玩盆栽時發出歡樂的叮噹。

蕾絲邊

◆浪漫的蕾絲緞帶，加上晶亮的彩色珠珠，是小女孩最愛的淑女風格。

貝殼風情

◆素白的盆器黏上貝殼，立刻感受到海洋的召喚，心情跟著渡假去囉！

磁鐵吸

◆買幾個黑色素磁鐵，用相片膠或快乾膠在盆器上分幾處黏牢，然後就可以隨心所欲吸上喜歡的各種「磁鐵小卡」，而且可以隨著流行和喜好隨時取下更換喔！

大自然拾寶樂趣多

◆在野外隨手撿拾的樹枝、小石頭、奇特的種子，或是自己DIY押花、夾平葉片，都可以拿來黏在盆器上，排出自己喜歡的花樣，和盆栽栽培的植物相得益彰，充滿自然氣息。

塗鴉so happy

◆拿起筆在盆器上塗塗鴉，簽個名字，樂趣無窮又能顯現自己的風格，奇異筆可以適用在很多種盆器材質上，拿壓克力顏料彩繪也很好用。

閃亮加分好材料

◆市面上美術材料有各種耀眼的亮粉、調好黏著劑且摻了金粉的亮光油、金屬材質作成的閃耀數字、花片、葉片、星星片等等，在盆器黏上這些亮眼的小傢伙，保證艷光四射，閃閃動人。

3.自然寶物蒐集櫥窗 Window show

大自然一年四季都會帶來許多美麗和奇特的珍寶，無論是從家中花園修剪下來的過盛葉片、花卉可以插水觀賞；在樹林公園撿拾到的落葉乾果，可以收藏起來妝點作居家佈置，小一些的可用來裝飾盆器；姿態美麗可愛的葉片和小草花可以作押葉押花，這些「天上掉下來的禮物」，細細欣賞，樂趣無窮。

◆偶然在樹下、草叢間或是凋萎的花朵裡撿拾到植物的種子，仔細觀察樣子都不一樣呢！種仁果核乃是各種植物的生命力來源，裡頭包藏著各異其趣的DNA，像是玉米公花和母花、椰棗樹的種子、桃子核、蟠桃核、雞母珠、松果、各種大小和手掌形狀的楓葉都很耐人尋味。

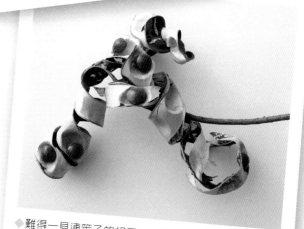

◆難得一見連筴子的相思豆，是否也讓你油然地想起了誰？

119

賞花・買花・種子Shopping 指南
—全省各大花市、各大型花藝. 種材盆器店、附設園藝部的量販店賣場

大型花市賣場

台北建國花市	台北市信義路&建國南路口（大安森林公園斜對面）	（02）2702-6493	營業時間：每週六、日
內湖花市	台北市內湖區瑞光路&港墘路	（02）2659-5729	營業時間：每日上午
台北花木批發市場	台北市興隆路一段15號	（02）8663-8208	營業時間：週二~週日 09:00~18:00
大台北花園廣場	台北市文林北路153號	（02）2834-6625	營業時間：全年開放
綠蔭走廊	台北市仁愛路10號之	（02）2391-2198	營業時間：週一~週六
台灣植物社賣場	台北縣泰山鄉漢口街33號	（02）2903-1996	營業時間：全年開放
新莊花市	台北縣新莊思源路（大漢橋下）		營業時間：全年開放
板橋花市	台北縣板橋民生路&文化路口		營業時間：全年開放
吉利觀光農場	新竹縣新埔北平里38號	（03）588-3218	各式多肉植物和仙人掌
大雅花市	台中市中清路220號（大雅交流道旁）	（04）2425-3945	營業時間：全年開放
惠文花市	台中市惠文路&向上路口		營業時間：全年開放
市政觀光花市	台中市市政路（近中彰快速道路）		營業時間：全年開放
大雅國際花市	台中縣大雅鄉雅潭路299號之10		營業時間：週二~週日開放
大里國光花市	台中縣大里市國光路一段100號		營業時間：每週六、日開放
醉仙園	台中縣霧峰鄉錦州路23號	0958850598	各式仙人掌和多肉植物及小苗
南門假日花市	台南市南門路28號	（06）213-9615	營業時間：每週六、日開放
梅花仙人掌	台南市安平安北路22號	（06）225-5356	各式仙人掌
大漠園藝	台南縣新營市新北六街58號	0919871877	各式仙人掌和多肉植物
高雄勞工公園假日花市	高雄市復興三路&中山三路口		營業時間：每週六、日開放
綠房園藝	高雄市苓雅區武廟路155-1號	（07）323-3578	進口仙人掌等植物
高雄花卉中心	高雄縣鳳山文橫路（鳳山青年路&高雄市澄清路之間）	（07）710-2821	營業時間：全年開放
鳳山園藝	高雄縣大樹鄉大坑村大坑路113-1號	（07）656-3311	進口仙人掌等植物

B&Q特力屋園藝區　園藝植物、盆器、工具、裝飾物、庭園傢具等。

台北市士林店	桃園縣南崁店	彰化縣員林店	高雄左營店
台北市內湖店	桃園縣平鎮店	嘉義市忠孝店	營業時間：
台北縣中和店	新竹市新竹店	台南文賢店	08:00~23:00
台北縣新店店	台中市復興店	台南仁德店	網址：
台北縣新莊店	台中市北屯店	高雄大順店	http://www.bnq.com.tw/
台北縣土城店	彰化縣和美店	高雄鳳山店	index.do

HOMEBOX 生活素材館園藝區 　園藝植物、盆器、工具、庭園休閒傢具、裝飾物等。

地址：	桃園店	桃園市中山路939號	（03）392-1100
	桃園平鎮店	桃園縣平鎮市環南路三段69號	（03）468-3755
	新竹店	新竹市經國路二段425號	（03）526-9966
	新竹竹北店	新竹縣竹北市縣政二路186號	（03）555-8086

營業時間：08:30～22:30

網址：http://www.homebox.com.tw/services/services_q_a1.asp

生活工場園藝商品區 　園藝植物、盆器、工具、庭園傢具、裝飾物等。

地址：（全台共百餘家，以下僅為各縣市代表店之一，詳情可逕洽詢。）

基隆店	基隆市仁二路201號	（02）2427-0833
台北館前店	台北市館前路12號5樓	（02）2371-3104
台北永和店	台北縣永和市竹林路175號	（02）8926-4497
桃園店	桃園市中山路102號	（03）336-3008
桃園台茂店	桃園縣蘆竹鄉南崁路一段112號	（03）312-7436
新竹中正店	新竹市中正路17號	（03）526-2933
苗栗店	苗栗市中正路825號	（03）736-2905
台中中友專櫃	台中市三民路3段179號10樓(A棟)	（04）222-30235
台中豐原店	台中縣豐原市中正路142號	（04）251-56977
南投店	南投縣南投市復興路257號	（04）922-05933
彰化店	彰化市中山路二段489號	（04）728-6170
雲林斗六店	雲林縣斗六市民生路131-2號	（05）537-1996
嘉義店	嘉義市中山路389號	（05）223-6468
台南崇學店	台南市崇學路5號	（06）268-1601
台南中華店	台南縣永康市中華路8之7號	（06）311-1783
高雄左營店	高雄市左營大路220號	（07）588-3400
屏東店	屏東市中正路24號	（08）733-6215
宜蘭羅東店	宜蘭縣羅東鎮中正路158號	（03）956-3659
花蓮店	花蓮市中正路472號1樓	（03）833-4909
台東店	台東市中華路一段450號	（08）935-1459
澎湖店	澎湖縣馬公市光明路30號5樓	（06）926-9495

營業時間：上午11:00～晚上10:00　http://www.working-house.com.tw/

打扮盆栽的
可愛雜貨特蒐

多逛逛，多樂趣，多靈感

玩具反斗城

台北紐約紐約店	台北市信義區松壽路12號4樓	（02）8780-2600	營業時間：週一～週日11:00～22:00
台北新生	台北市新生北路2段28號1樓	（02）2521-9025	營業時間：週一～週日11:00～22:00
台北環亞店	台北市南京東路3段337號	（02）8712-3691	營業時間：週一～週日11:00～22:00
內湖家樂福店	台北市內湖區民善街88號4樓	（02）2796-7007	營業時間：週一～週日11:00～22:00
湯城店	台北縣三重市重新路5段609巷2號B2	（02）2278-9111	營業時間：週一～週日11:00～22:00
桃園店	桃園市春日路616號1樓	（03）358-2211	營業時間：週一～週日11:00～22:00
特易購中壢店	中壢市中華路二段501號2樓	（03）455-3033	營業時間：週一～週日11:00～22:00
新竹風城店	新竹市中央路229號3樓	（03）515-5025	營業時間：週一～週日11:00～22:00
台中德安店	台中市復興路四段186號7樓	（04）2227-0555	營業時間：週一～週日11:00～22:00
台中文心店	台中市文心路三段85號2樓	（04）2311-0558	營業時間：週一～週日11:00～22:00
台中大墩店	台中市南屯區大墩路533號2樓	（04）2320-9439	營業時間：週一～週日11:00～22:00
特易購台南店	台南市中華西路二段16號2樓	（06）293-1210	營業時間：週一～週日11:00～22:00
高雄大統新世紀店	高雄市三民區民族一路427號2樓	（07）395-3726	營業時間：週一～週日11:00～22:00
鳳山店	高雄縣鳳山市中山西路236號2樓	（07）740-0380	營業時間：週一～週日11:00～22:00

IKEA兒童雜貨部

環亞店	台北市敦化北路100號B1	（02）2716-8900	營業時間：週一～週日10:00～21:30
新莊店	台北縣新莊市中正路1號	（02）2276-5388	營業時間：週一～週日10:00～22:00
桃園店	桃園市中山路958號	（03）379-7006	營業時間：週一～週日09:30～22:30

袖珍博物館

台北館	台北市建國北路一段96號B1	（02）2515-0583	營業時間：週二～週日10:00～18:00

（週一公休，參觀需門票，有禮品販售部可購買袖珍商品和配件）

	地址	電話	營業時間
牧莎記事	批發門市：台北市大安路一段84巷19號1樓 （敦南誠品B2、衣蝶百貨南西店4F、京華城8F、台中新光三越11F、高雄大統百貨10F設有專櫃） 玻璃、陶瓷、織品彩繪材料、特殊燙金貼紙。	（02）2731-7896	
鄉陽創藝中心	台北市羅斯福路二段77巷3-1樓 軟陶創作素材、配件、原料等，有小型盆栽容器。	（02）2366-0589	週一～週六09:00～18:00
格雷工藝社	台北市金華街205號 工藝、美術、美勞、中國結等手工藝材料	（02）2321-1613	週一～週六09:00～18:00
建源五金行	台北市太原路93號 鍛鐵製品、藝術欄杆、招牌、花架等	（02）2555-1768	週一～週六08:30～21:00
建昇蕾絲公司	台北市長安西路256號 各種刺繡、蕾絲、花邊、布匹等。	（02）2555-3345	週一～週五08:30～19:00
高興旺企業	台北市長安西路304號 各種烤漆、五彩、金銀珠、角珠等小包裝以及串珠配件等商品。	（02）2558-9554	週一～週六09:00～18:00
東美飾品	台北市長安西306號 各種串珠材料、手工藝品、絲線等。	（02）2558-8437	10:30～21:00
介良布行	台北市民樂街11號 各種串珠、手工藝材料、布邊、蕾絲、緞帶、木竹提把等配件。	（02）2558-0718	09:30～21:30
小熊媽媽飾品材料店	台北市延平北路一段51號 http://www.bearmama.com.tw/shopping_3.php 各種珠珠、繩線、緞帶、水晶、黏土、彩膠、線類、五金配件、貝殼等。	（02）2550-8899	09:00～21:00
台隆手創館	台北市中華路一段88號 手工藝材料、烹調、文具等各種生活雜貨用具。	0800-011-098	12:30～21:30
快樂陶兵	台北市內湖區文德路10號2樓 馬賽克瓷磚材料、琉璃珠、彩繪陶作、陶土、素杯等。	（02）2657-8065	10:00～19:00（週一公休）
新旺陶藝和附近店家	台北縣鶯歌鎮尖山埔陶瓷老街81號 陶瓷碗碟、盆器、陶板藝術等精品。	（02）2678-9571	09:00～18:00
八色屋拼布彩繪教室	台北縣五股鄉成泰路二段112號 http://www.e-colors.idv.tw	（02）2291-6767	週一～週六10:00～17:00
明林美工社	台北縣永和市秀朗路2段8號 各種繪畫顏料、紙類、色板、小木料、金屬配件、模型材料、手工藝材料等。	（02）2923-3593	週一～週日10:00～22:00
得暉美術社	台北縣永和市秀朗路一段199號 DIY材料、押花素材、手工藝品、美術用具等。	（02）2924-7357	
巧苑DIY生活工坊	新竹市光華北街46號 DIY材料和各種工具、配件。	（03）542-5183	週一～週六10:00～21:00
德昌網路手藝世界	台中市三民路二段83號 http://www.diy-crafts.com.tw 進口毛線、彩珠亮片、陶珠、中國結線、蕾絲、鈕扣、水晶、水鑽等手工藝材料。	（04）2222-5436	
黏土的家	台中市杏林路26巷12號 樹脂土、小木器、裝飾配件等拼布、鄉村彩繪等各式材料包、工具器材。 http://photo.pchome.com.tw/s01/0933456108	（04）27066113	週一～週六10:00～17:30
南美堂手藝材料行	台南市民生路一段134號 各種珠珠、刺繡、中國結等材料。	（06）223-2350	10:30～21:00
151飾品DIY材料	高雄市中山北路一段6號 （另有台北、桃園、台中、高雄分店） 珠珠、緞帶、線繩、五金配件等手工藝零件。	（07）272-7888	09:00～22:00

國家圖書館出版品預行編目

和孩子一起種可愛植物─打造我家的迷你花園：
　唐苳著.－初版.－
台北市：朱雀文化，2006〔民95〕
　　面：公分.－（PLANT：006）
ISBN-13:978-986-7544-83-4　　（平裝）
ISBN-10:986-7544-83-8
1.園藝
435.11

PLANT006

和孩子一起種可愛植物

打 造 我 家 的 迷 你 花 園

＊作者=唐苳　＊攝影=廖家威　＊文字編輯=劉曉甄　　＊美術編輯=鄭雅惠

＊企劃統籌=李橘　＊發行人=莫少閒　＊出版者=朱雀文化事業有限公司

＊地址=台北市基隆路二段13-1號3樓　＊電話=02-2345-3868

＊傳真=02-2345-3828　＊劃撥帳號=19234566朱雀文化事業有限公司

＊e-mail=redbook@ms26.hinet.net　＊網址=http://redbook.com.tw

＊總經銷=展智文化事業股份有限公司　＊ISBN-13=978-986-7544-83-4　＊ISBN-10=986-7544-83-8

＊初版一刷=2006.11　＊定價=280元　＊出版登記=北市業字第1403號

About買書：

●書店：朱雀文化圖書在北中南各書店及誠品、金石堂、何嘉仁、墊腳石、諾貝爾、法雅客等連鎖書店均有販售，如欲購買本公司圖書，
建議你直接詢問書店店員，如果書店已售完，請撥本公司經銷商北中南區服務專線洽詢。北區（02）2250-1031 中區（04）2426-0486
南區（07）349-7445。
●●網路：上博客來網路書店（http://www.books.com.tw），在全省7-ELEVEN取貨付款。上金石堂網路書店（http://www.kingstone.
com.tw）購書，可在全省全家、萊爾富、OK、福客多取貨付款。
●●●至郵局劃撥（戶名：朱雀文化事業有限公司，帳號：19234566）
掛號寄書不加郵資，4本以下無折扣，5～9本95折，10本以上9折優惠。
●●●●親自至朱雀文化買書可享9折優惠。